一次看穿
都更×合建契約陷阱
良心律師專業解碼老屋改建眉角

蔡志揚——著

各方盛讚！

蔡志揚律師是我認識多年的朋友，他一向熱心公益且具正義感，尤其專注於「都市更新」相關法律，具有豐富的專業知識與實務經驗。最近他將過去實際的法律個案寫成專書，包括二十個都更基本觀念、二十個都更契約案例及二十條都更合建契約解碼，內容精闢。從中可以體會到都更的各種「眉角」，稍有不慎，即可能造成都更權益的巨大損失，非常值得推薦對都更有興趣者閱讀此書。

張金鶚
政治大學地政系特聘教授、前台北市副市長

二〇一一年發生文林苑都市更新爭議事件時，蔡律師志揚兄出版《圖解！良心律師教你看穿都更法律陷阱》，揭發民間都市更新機構（建商）不敢說的都更「陷阱」，譬如，該書中提醒「同意書是之中最具爭議的，就如賣身契一樣，簽下去就沒完沒了」，指引許多無助民眾，藉著他的著作，讓更多人了解都更，造福許多讀者。

經過六年，都更條例修法停滯不前，引起諸多批評。民進黨政府上台後苦思對策，擬就危老建築的重建、公辦都更，以及民辦都更等，分流規劃、分別立法，以期讓人民對都更重拾信賴。眼看著都更又將再度成為社會熱議的話題。此際，蔡律師志揚兄，又適時地出版另一本巨作——《一次看穿都更X合建契約陷阱》，令人期待。

許多人對都更都有「合建？權變？傻傻分不清！」的疑惑，這本書延續前一本的親民風格，深入淺出地透過二十個都更契約案例介紹，用貼心「小叮嚀」方式點出當中的「眉角」，讓讀者得以快速瞭解其中竅門，進而合理主張應有的權益。此外，提供二十個基本觀念讓讀者更清楚地了解都更的實際運作，簡單說，這本書提供正確觀念，詳細品嘗它，不僅可以自保，又可幫助都更的推動，是一部值得推薦的好書！

林旺根
地政士公會全聯會榮譽理事長、德霖科技大學不動產經營系兼任副教授台灣目前想要改善都市環境並提升居住品質，「都市更新」是必要的手段。然而都更牽涉的法律層面甚廣，一紙合約究竟保障了誰？蔡志揚大律師專研都市更新法規多年且具豐富的實務經驗，他以淺白文字剖析都更與合建契約的各項細節，為業者與居民提供共創雙贏之道！

李永然
永然聯合法律事務所所長、永然法律基金會董事長、不動產法知名律師

都市更新，既是都市環境改善的眾人之事，也與個人居住權及財產權息息相關。志揚律師是我佩服的都更達人，公共利益倡議從不缺席，更是在第一線協助民眾捍衛權益的佼佼者。推薦本書，讓你實現都更願景，而不是掉入合約陷阱！

彭揚凱
專業者都市改革組織秘書長、總統府人權諮詢委員會委員

正和思維開創都更新局。

都市更新一詞在台灣常被扭曲，彷彿只要都市更新，就會有釘子戶、黑心建商或是官商勾結。本人從事都市更新業務近十五年，知道事實絕非如此，都更是藉由對相關法令、契約的學習了解，使地主與建商之間攜手協力，打造一個美好的家園，這才是我們社會國家應學習進步的方向。

欣聞蔡志揚大律師新書出版，本人不勝喜悅，理由主要有二：一則，本書對於都市更新應具備的基本知識，溯源窮流，論述分明；讀者拿起此書閱讀，可循序漸進、深入淺出學習，對都市更新將不再陌生。二則，書中對於都市更新過程中需要注意的法律議題，除有清楚的說明，更有大量實務案例分析，讓讀者知道「眉角」，讓有意願、即將或正在進行都市更新的民眾，有可以參考的準繩。

知道陷阱，就可避開陷阱，本書除讓老屋改建契約雙方，精準掌握自身權益之外，亦可化「零和思維」為「正和思維」，促進雙方和諧、合作，開創都更新局。

吳錦宗
中華都市更新全國總會理事長、建設公司執行長蔡志揚大律師長期關注都更重建的推動環境，新著作藉由「基本觀念提示、契約條文解析與都更案例分享」三大架構，引領都更參與者逐一檢視契約條文的內容要點與注意事項。

冀期本書的出版，能形塑一個「專業資訊公開透明、個案情境差異研討」的知識平台，降低因資訊不完全、專業不對稱及各自對未來環境不確定的風險考量下，所衍生整合過程的不信任度或簽約後對條文內容解讀的爭議性，促進參與者認知彼此的「權益、負擔與保障」，提升都更重建的和諧氛圍與成功率。

林育全

台北市都市更新整合發展協會執行長、都市更新專業顧問

法律是保護懂得法律的人，尤其是都更法令多如牛毛，又有多少人真正懂得法律而保護自己的權益？本人在中華都更總會擔任財務長期間，受教良心律師蔡志揚大律師，從一無所知的中小企業主，到通過新北市第一屆都更推動師，衷心地建議大家，把複雜的都更問題交給專業的良心律師，為大家爭取最佳的居住權益及避開所有的都更陷阱！

謝明珍

新北市都市更新推動協會理事長、新北市都市更新推動師

作者序

很多人買日常生活用品或電子產品時，花了很多工夫在閱讀使用說明書、研究產品功能，但是面對動輒百千萬價值、一輩子可能只有一次換屋機會的房產，卻在相關知識都不太懂、合約內容連看都沒看的情況下，就簽了一紙攸關自己鉅額權益的合約，更別說請教專家。然而一旦發生問題，後悔就來不及了！

我們常聽到一句話：「法律只保護懂法律的人。」筆者審閱過數百份以上的都更合建或一般傳統合建契約，常常心驚，如果未經專業律師審核修改，後果可能不堪設想！有的則是已經簽好而發生問題的，也常聽當事人感嘆，後悔當初為何沒有多注意一下、未曾找律師審約！

實務上因合建契約所產生的糾紛多如牛毛，本書所舉的二十個案例，均為真實事件改編，而這些不過是現實中的九牛一毛。筆者多年來呼籲政府仿照預售屋及成屋買賣，制訂

「定型化契約應記載及不得記載事項」或「定型化契約範本」，但官方總是推諉政府不宜干涉私人間的協議，抑或採信部分建商所言：「協議內容可能千百種，無法加以規範」等似是而非的說法。然而，就筆者看過上百份的合約，仍可歸納出八、九成共通的邏輯，剩下的，則可再配合不同的開發條件、需求，自行演繹即可，實不必「因噎廢食」。

近年由於發生的爭議實在太多，部分地方主管機關不堪私權紛爭的陳情之擾，終於也制定了一些關於都更合約簽訂的注意事項，例如台北市、新北市，實值給予喝采。不過，或許是礙於行政機關的角色立場，相關注意事項往往未能講得太明白，或者仍未盡周全。筆者乃不揣孤陋，願將多年所學及實務經驗「拋磚引玉」，希冀一般有簽約需求的民眾，能因參考本書而避免誤觸合約陷阱，甚至期待有一天，主管機關能正式訂定相關定型化契約規範，以確實保障權利人的權益。

於本書即將付梓之際，立法院最新三讀通過「危老條例」，並於一〇六年五月十日，經總統公布施行（全名為「都市危險及老舊建築物加速重建條例」）。雖然其相關配套的子法尚待訂定，不過本書仍緊急增補一個章節（見附錄）介紹該法，讓讀者一睹為快，並可區辨其與「都更」、「傳統合建」有什麼不同。

此外，考量律師業務繁忙及專業分工，筆者於撰寫本書初始，即情商「都市更新小講堂」粉絲團的小編群分享其寶貴之專業與建議，並邀請筆者友人蘇進忠先生協助編寫本書的二十個基本觀念，謹在此向其致上萬分謝忱。

最後，要感謝時報出版的主編邱憶伶及編輯陳劭頤小姐，不辭辛勞，忍受我對編輯排版的許多建言。助理朱憶函小姐協助提供靈感及校對。還有推薦本書的師長先進，我對於都更法的了解，其實很多都來自於他們的教誨或經驗，十分感激。

PART 1

都更×合建20個基本觀念

[PART 2]

都更×合建20個契約案例

[PART 3]

都更×合建20條契約條文解碼

【附錄】

PART 1

都更 × 合建 20 個基本觀念

俗話說：「沒有三兩三，怎敢上梁山？」為了避免都更×合建成為未來一輩子的夢魘，地主還是需要一些最基本的建築與土地開發觀念，否則怎麼與人談合約？本章準備二十個不可不知的關鍵知識！

01 老房可以靠都市更新重生嗎？

◎都市更新，簡稱「都更」

依據都市更新條例的定義，都市更新是為了「促進都市土地有計畫之再開發利用，復甦都市機能，改善居住環境，增進公共利益」，同時依循著一定程序，「在都市計畫範圍內，實施重建、整建或維護措施」。由此可知，都市更新是為了改善生活環境而訂定的一套制度，並不只是舊建物改建這麼單純。

話說回來，雖然都更在法令上有著願景，但對我們一般老百姓來說，都市更新是一種活生生、直接關係到日常生活的制度。試想一下，無論是自己或朋友，當我們的家有都市更新的機會，我們在意的到底是「可以分到多少面積」、「權益有沒有受損」、還是「周邊的環境有沒有因為更新而增加公共利益」？大部分的人都會先確保自己的權益沒有受損，之後才有心力思考這願景吧？

藉由本章的小知識，希望能讓大家了解在參與都市更新時該如何保障自己的基本權益，並且也期待在懂得如何保護自己後，可以騰出一些心力來關心我們的生活環境。

廢話不多說，就讓我們繼續看下去！

｜圖1-1　都市更新｜

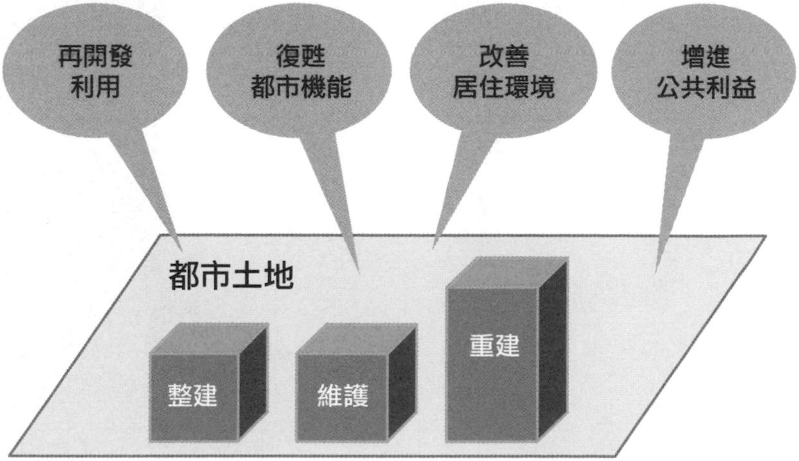

02 我家的土地和房子可以都市更新嗎？

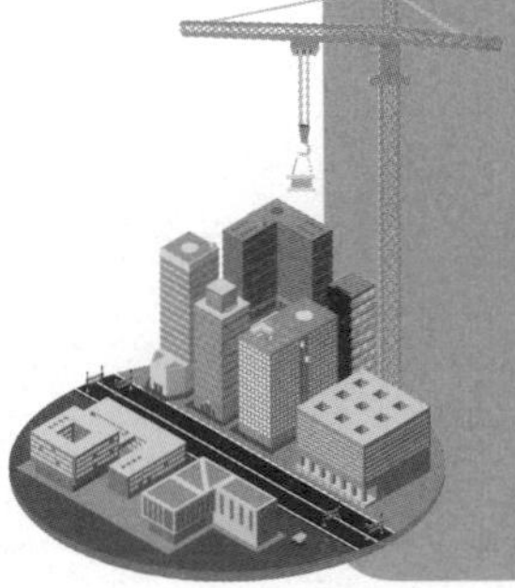

◎更新單元與建築基地

都市更新條例中，「更新單元：係指更新地區內可單獨實施都市更新事業之分區。」換句話說，更新單元就是申請實施都市更新重建或整建維護的土地範圍。

至於我們的土地是不是更新單元，可以先向政府機關了解土地是否坐落在公劃的更新地區內，且同時被政府直接指定為更新單元；若無，就得由民間，也就是我們自行申請劃定更新單元。假如今天有建商來找我們合作都更，原則上我們的土地就有成為更新單元的機會。

要成為都更單元，依規定必須要符合都更劃定的「規模」；若在非更新地區，還得檢討「指標」。規模要求單元面積要超過一定大小、臨路的狀況等；指標是要求單元內建築物的屋齡、構造等。所以當有建商或開發商來談都更時，表示他們應該已做過評估分析，我們就不用特地煩惱這些劃定更新單元的問題。

｜圖2-1　更新單元與建築基地｜

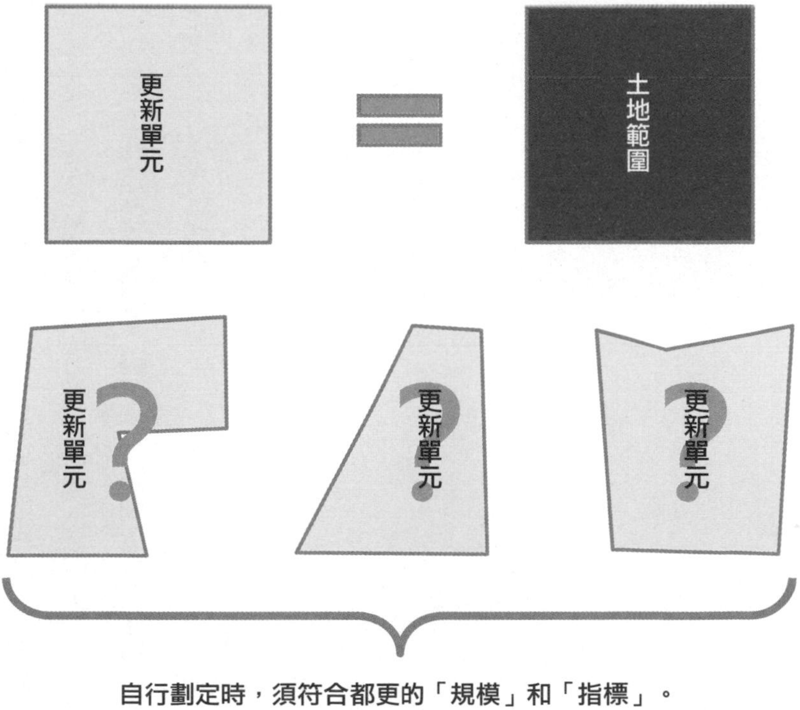

再者，有些地區已被政府劃定為「更新地區」，但尚未指定為更新單元；如果我們的房子坐落其中，而且想要被劃定為更新單元時，這時檢討規模即可，不需要再檢討指標。

如果自家真的很想更新改建，但一直等不到建商來敲門，也不想花時間去研究法規，建議可以直接到地方政府的都市更新主管單位洽詢了解。

03 想都更可是沒有專業，可以請誰幫忙？

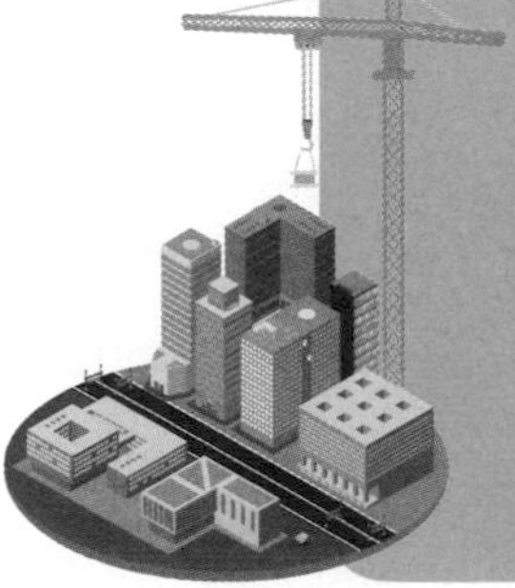

◎實施者

都市更新條例中，「實施者：係指依本條例規定實施都市更新事業之機關、機構或團體。」機關是指政府機關；機構是指依公司法設立之股份有限公司；團體是指都市更新會。

在私辦都更的情況下，實施者是以機構或團體為主，其中又以機構最常見。所謂的機構是指「股份」有限公司，如果只是有限公司，則無法擔任都更重建的實施者。再說，因為都市更新主要屬於建築專業，因此多是某某建設股份有限公司擔任實施者。

另外要注意的是，所謂「公辦都更」並不是一定由政府機關擔任實施者。政府機關除了自行實施外，依法政府機關也可經公開評選程序，委託機構實施都市更新事業。例如政府可以用招標的方式遴選符合資格的機構（如建商）來擔任公辦都更的實施者。

圖3-1　實施者

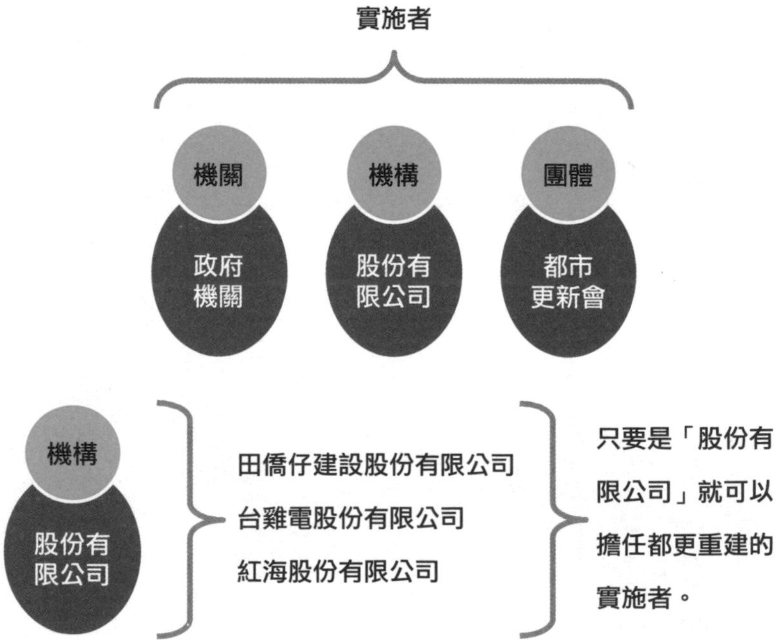

實施者又是什麼？都市更新過程中需要與各權利人溝通協調，且依法辦理相關會議、撰寫計畫書等，甚或是後期興建房屋的技術與資金，一般人大多沒有這樣的專業與資金，實施者便負責處理這些事。實施者不是慈善單位，會視案件的複雜程度設定一個可接受的風險與報酬的標準。

如果左鄰右舍有能力處理相關事宜，或許我們可以「自力更新」，也就是自組都市更新會來擔任實施者，自己辦都更。

04 參加都更一定要拆房重建嗎？

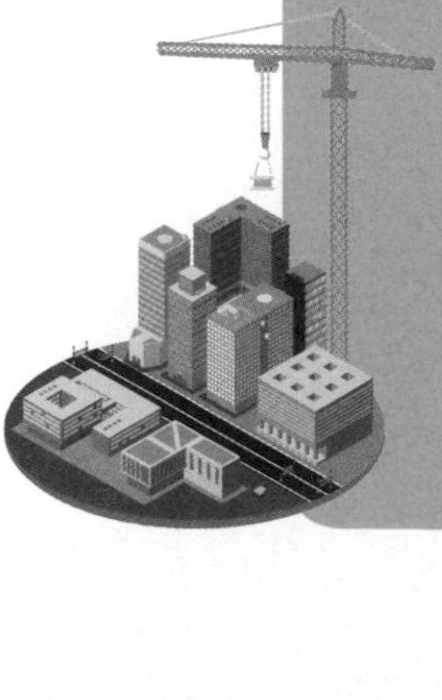

◎都市更新的處理方式

都市更新處理方式分為三種：

(1) **重建**：係指拆除更新地區內原有建築物，重新建築，住戶安置，改進區內公共設施，並得變更土地使用性質或使用密度。

(2) **整建**：係指改建、修建更新地區內建築物或充實其設備，並改進區內公共設施。

(3) **維護**：係指加強更新地區內土地使用及建築管理，改進區內公共設施，以保持其良好狀況。

現況中，許多房子可能已是三、四十年以上的老房子，所以大部分的案子都是以重建的處理方式辦理都市更新；在商言商，老舊建物之所以會有實施者願意去整合開發，通常是因為老建物的土地具有剩餘且可以發揮的價值；已經蓋成大樓的建築物，其土地如果沒有額外的加值效益，被開發都更的機會就相對低。

如果自家建築非常有建築特色或歷史意義，可以選擇整建或維護的方式。

無論是重建或整建維護，前提都要有意願辦理或參與都市更新；如果不願意，請記得也要依法維護自己的權益——法律不保障睡著的人啊！

| 圖4-1　都市更新處理方式 |

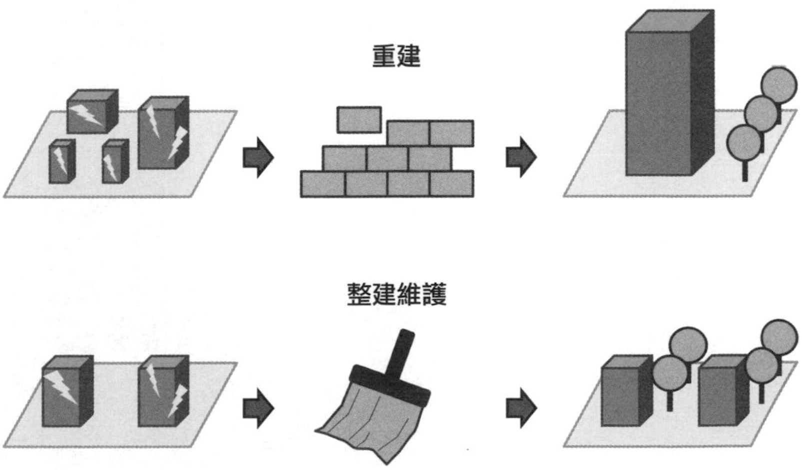

05 都更過程有幾道程序？

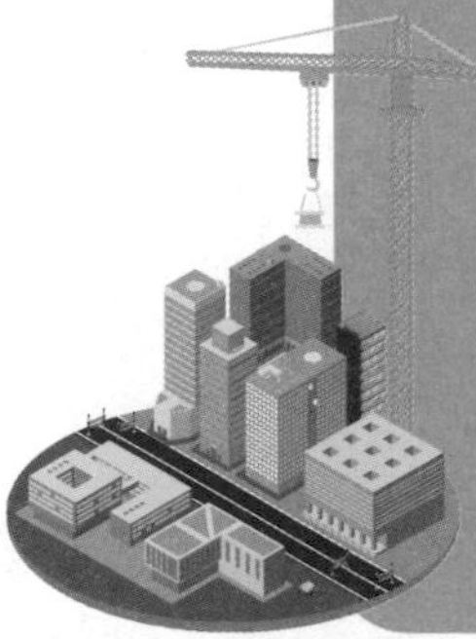

◎都市更新的流程

一般土地要開發建築，只要經過土地內的人同意即可；但如果想要擁有都市更新的權利，也就是拿到進入都更大門的入場券，就必須經過都市更新流程的審核。

都市更新流程可以分成：

(1) **事業概要**：確認都更單元的範圍及建築計畫的草稿。（目前此程序經大法官解釋凍結）

(2) **事業計畫**：建築與財務計畫的完成版。

(3) **權利變換計畫：**都市更新範圍內各權利人間的權利價值分配。（可與事業計畫併同報核）

而台北市又把劃定更新單元這件事獨立出來，於是台北市的都更必須先通過更新單元的核准，才能進行下一階段作業。其他縣市的規定是劃定更新單元均併同在事業概要或事業計畫中一起審議，而依法事業計畫與權利變換計畫又可以併同審核。所以是不是都市更新都一定要一步一腳印地照著流程走呢？這就要視個案的狀況來決定了。

一般狀況下，都市更新最精

｜圖5-1　都市更新流程｜

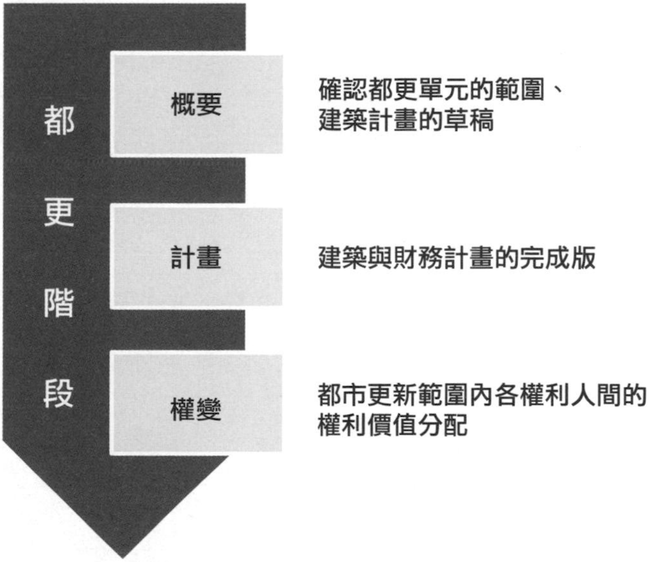

簡的流程是劃定更新單元與事業計畫寫在同一本計畫書裡，同時寫好權利變換計畫書後，兩本計畫書一起送審。但如果審議有問題，之前花費的作業時間與工夫可能就要重來一次了。

最後，完成上述都更流程並通過核定後，該土地就擁有都市更新的權利，變成一塊都市更新的建築基地了。

06 即使有都更意願，也要簽一堆文件？

◎同意書與同意比例

現行的都市更新是採多數決，而同意書是政府機關認可的法定文件。依規定只要更新單元內的所有權人或土地建物面積超過一定比例同意，就可以申請該階段流程的審議。比如說，如果取得了基地內大於八十%的同意書（之後可能會修法提高門檻），就可以提送事業計畫去審議。

目前參與都更的過程中有二階段的同意書：

(1) 事業概要同意書

(2) 事業計畫同意書

而台北市因為將劃定更新單元獨立成一個程序，所以會多一份「劃定意願書」。

同時要注意的是：

(1) 權利變換沒有同意書

(2) 公辦都更沒有同意書

權利變換階段要簽署的文件是「權利變換意願調查表」、「更新後分配位置申請書」、「更新後合併分配協議書」等文件。如果對實施者計算出來的權利數值有意見，可以尋求專業人士協助，並在公聽會、聽證會、審議會等場合中，向實施者及主管機關提出想法。

記得！為了保障自己的權益，都更過程中的會議都應該撥空參加，千萬不要默不吭聲，忽視自己的權利。

圖6-1 台北市事業概要同意書範本

擬訂(或變更)臺北市○○區○○段○小段○○地號等○○筆土地
都 市 更 新 事 業 概 要 同 意 書

本人 ○ ○ ○ 同意□□□為代表申請之「擬訂(或變更)臺北市○○區○○段○小段○○地號等○○筆土地都市更新事業概要案」，同意之土地及建物權利範圍如後所列：

一、土地

鄉鎮市區			
地　段			
小　段			
地　號			
土地面積（m^2）			
權利範圍			
持分面積（m^2）			

二、建物

<table>
<tr><td colspan="3">建　號</td><td></td><td></td><td></td></tr>
<tr><td colspan="3">建物門牌</td><td></td><td></td><td></td></tr>
<tr><td rowspan="3">基地</td><td colspan="2">地　段</td><td></td><td></td><td></td></tr>
<tr><td colspan="2">小　段</td><td></td><td></td><td></td></tr>
<tr><td colspan="2">地　號</td><td></td><td></td><td></td></tr>
<tr><td rowspan="5">樓地板面積（m^2）</td><td colspan="2">總面積（A）</td><td></td><td></td><td></td></tr>
<tr><td colspan="2">附屬建物面積（B）</td><td></td><td></td><td></td></tr>
<tr><td rowspan="3">共同使用部分</td><td>面積（C）</td><td></td><td></td><td></td></tr>
<tr><td>權利範圍(D)</td><td></td><td></td><td></td></tr>
<tr><td>持分面積 E＝C＊D</td><td></td><td></td><td></td></tr>
<tr><td colspan="3">權利範圍（F）</td><td></td><td></td><td></td></tr>
<tr><td colspan="3">持分面積（m^2）（A+B+E）＊F</td><td></td><td></td><td></td></tr>
</table>

本同意書人：　　　　　　　簽署 人印　（簽名並蓋章）
統一編號：　　　　　　　　（如係未成年，需有法定代理人共同出具；如係法人應有其統一編號等資料。）
聯絡地址：
聯絡電話：

中 華 民 國 ○ ○ 年 ○ ○ 月 ○ ○ 日

■本人已知悉本更新概要內容，且本同意書僅限於「擬訂(或變更)臺北市○○區○○段○小段○○地號等○○筆土地都市更新事業概要案」使用，禁止移作他用。

■本事業概要案同意書一經簽定，如欲撤銷，需依臺北市政府處理都市更新案撤銷同意作業程序規定辦理。

圖6-2　台北市事業計畫同意書範本

擬訂(或變更)臺北市○○區○○段○小段○○地號等○○筆土地

都 市 更 新 事 業 計 畫 同 意 書

本人 ○ ○ ○ 同意參與由 □□□ 為實施者所提之「擬訂(或變更)臺北市○○區○○段○小段○○地號等○○筆土地都市更新事業計畫案」，同意之土地及建物權利範圍如後所列：

一、土地

鄉鎮市區			
地　段			
小　段			
地　號			
土地面積（m^2）			
權利範圍			
持分面積（m^2）			

二、建物

建　號					
建物門牌					
基地	地　段				
	小　段				
	地　號				
樓地板面積（m^2）	總面積（A）				
	附屬建物面積（B）				
	共同使用部分	面積（C）			
		權利範圍(D)			
		持分面積 E=C*D			
權利範圍（F）					
持分面積（m^2）（A+B+E）*F					

本同意書人：
統一編號：
聯絡地址：
聯絡電話：

簽署人印

（簽名並蓋章）
（如係未成年，需有法定代理人共同出具；如係法人應有其統一編號等資料。）

中　華　民　國　○　○　年　○　○　月　○　○　日

■本人已知悉本更新計畫內容，且本同意書僅限於「擬訂(或變更)臺北市○○區○○段○小段○○地號等○○筆土地都市更新事業計畫案」使用，禁止移作他用。

■本事業計畫案同意書一經簽定，如欲撤銷，需依臺北市政府處理都市更新案撤銷同意作業程序規定辦理。

07 實際使用有五十坪，爲什麼建商說只有三十坪？

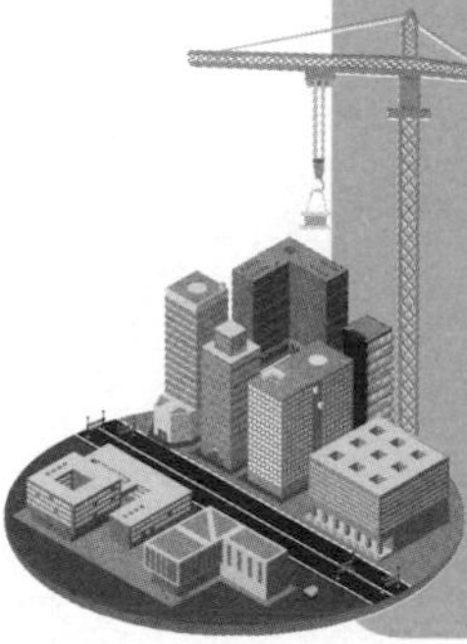

◎登記謄本

從都市更新條例施行細則的條文可以知道，參與都市更新的權利證明文件是依土地登記謄本及建物登記謄本為主，而土地及建物謄本上會記載面積，所以參與都市更新的面積便以謄本所記載的數字為準。

如果房子曾經因為某些原因沒有辦妥房屋登記，可能五十坪卻只登記三十坪、沒有登記，甚至是登記在別人名下，在參與都更時，為了自己的權利著想，建議都要想辦法解決，盡量讓一切合法。也提醒大家不要把實施者當成萬事通，自己不試著解決問題，卻把所有事情轉嫁到實施者身上，案子可能會做不成的。

民國一〇四年二月二日起，登記謄本分作三類。第一類謄本只有登記名義人本人才可以申請；第二類謄本任何人都可以，若擔心地址被有心人士利用，可以向地政事務所申請地址隱匿；參與都市更新需要的謄本為第三類謄本，可由本人或以實施者名義申請。

圖7-1　第三類土地謄本範本

土地登記第三類謄本(所有權個人全部)
板橋區民族段1099-0000地號

列印時間：民國104年03月02日08時00分　　頁次：000001
本謄本係利害關係人林林七申請
板橋地政事務所　主任：魏念銘　　本案係依照分層負責規定授權承辦人員核發
板橋整謄字第000113號　　列印人員：
資料管轄機關：新北市板橋地政事務所　　謄本核發機關：新北市板橋地政事務所

********************　土地標示部　********************

登記日期：民國094年05月03日　　登記原因：合併
地　　目：（空白）　　等　　則：0　　面　　積：*****2,437.25平方公尺
使用分區：（空白）　　使用地類別：（空白）
民國104年01月　　公告土地現值：***142,278元／平方公尺
地上建物建號：共119棟
其他登記事項：重測前：後埔段　３２－１　地號

本謄本未申請列印地上建物建號，詳細地上建物建號以登記機關登記為主

********************　土地所有權部　********************

（0001）登記次序：0157
登記日期：民國100年11月29日　　登記原因：買賣
原因發生日期：民國100年11月08日
所有權人：陳小明
住　　址：新北市板橋區福德里２４鄰忠孝路５００號１樓
權利範圍：***1000000分之10364*****
權狀字號：100北板地字第123450號
當期申報地價：102年01月　****19,790.0元/平方公尺
前次移轉現值或原規定地價：
100年11月　****95,826.0元/平方公尺
歷次取得權利範圍：***1000000分之10364*****
相關他項權利登記次序：0150-000
其他登記事項：（空白）

********************　土地他項權利部　********************

（0001）登記次序：0150-000　　權利種類：最高限額抵押權
收件年期：民國100年　　字　　號：板登字第 39999 號
登記日期：民國100年11月29日　　登記原因：設定
權 利 人：中國信託商業銀行股份有限公司
統一編號：03077208
住　　址：台北市信義區松壽路３號地下室一樓及一至八樓、十二至十四樓、十六至十八樓、二十至二十二樓
債權額比例：全部***1分之1***
擔保債權總金額：新臺幣***** 25,210,000 元正
擔保債權種類及範圍：擔保債務人對抵押權人現在〈包括過去所負現在尚未清償〉及將來在本抵押權設定契約書所定最高限額內所負之債務，包括借款及透支。
擔保債權確定期日：民國１３０年１１月２４日
清償日期：依照各個債務契約所約定之清償日期。
利息（率）：依照各個債務契約所約定之利率計算。
遲延利息（率）：依照各個債務契約所約定之利率計算。
違 約 金：依照各個債務契約所約定之違約金計收標準計算。
其他擔保範圍約定：１．取得執行名義之費用。２．保全抵押物之費用。３．因債務不履行而發生之損害賠償。４．因辦理債務人與抵押權人約定之擔保債權種類及範圍所生之手續費用。５．抵押權人墊付抵押物之保險費。
權利標的：所有權
標的登記次序：0157
設定權利範圍：***1000000分之10364*****
證明書字號：100北板他字第 39999 號
共同擔保地號：民族段 1099-0000

共同擔保建號：民族段 03820-000
其他登記事項：（空白）

（本謄本列印完畢）
※注意：一、本謄本之處理及利用，申請人應注意依個人資料保護法第５條、第１９條、第２０條及第２９條規定辦理。
二、前次移轉現值資料，於課徵土地增值稅時，仍應以稅捐稽徵機關核算者為依據。

08 自己的土地，可以想蓋幾間房子就蓋幾間嗎？

◎建蔽率與容積率

建築技術規則定義：

建蔽率：建築面積占基地面積之比率。

容積率：指基地內建築物之容積總樓地板面積與基地面積之比。

翻譯成白話：

建蔽率：想像長了翅膀飛在天空，往下看建築物占了這塊基地多少面積比例？還剩多少空地？

容積率：「概念」上可稱為一坪土地可以蓋幾坪的室內面積（或主建物面積）。

同時建蔽率規定，建築時必須留設一定面積的空地種植花樹、設置人行步道或廣場等，不能用建築物將整塊地完全覆蓋。而容積率規定一塊建築基地可蓋多少室內面積，例如台北市第三種住宅區容積率二百二十五％，就表示一坪土地可以蓋二·二五坪室內面積；台北市第三種商業區容積率五百六十％，就表示一坪土地可以蓋五·六坪室內面

｜圖8-1　建蔽率與容積率｜

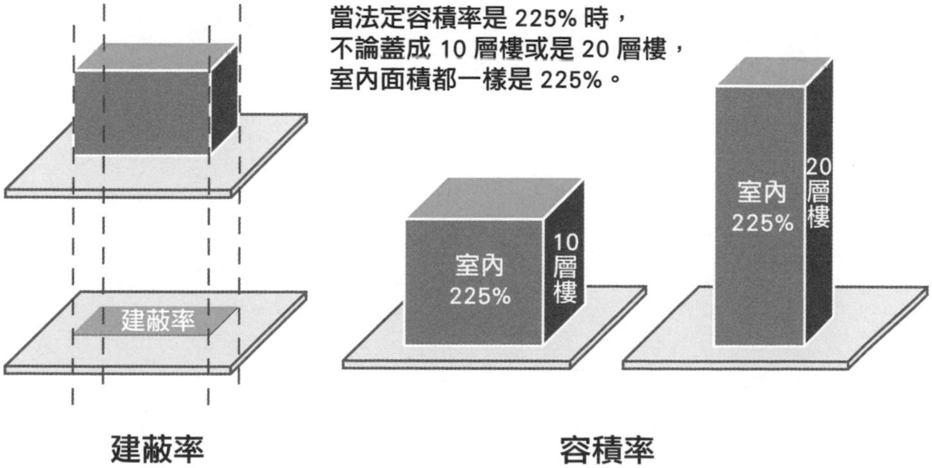

積。樓電梯、陽台等則有另外的規定。

因此重要的觀念便是：如果這塊土地的容積率是二百二十五％，不管新家最後蓋成十樓或二十樓，重建後的新房加總出來的室內面積都是二百二十五％，不會因為蓋得高，容積就增加。

至於土地是坐落在住宅區、商業區，或其他分區，都必須查詢該土地的使用分區證明才能確定，不是說在一樓開店做生意，就一定是商業區喔！

09 獎勵容積有什麼好處？

◎都市更新獎勵容積

不管是住戶或建商，願意共同參與都市更新，依法進行冗長的行政程序並面對一場又一場審議會，其實最主要的目的就是要拿到獎勵容積。獎勵容積有什麼作用？說穿了就是讓可以蓋的房屋室內面積變多，分到的面積就可以比原來更多。

假設原有容積率為二百二十五％，如果因為都市更新爭取到三十％容積獎勵，這塊地就會增加六十七．五％的容積（二百二十五％×三十％＝六十七．五％），容積率便從

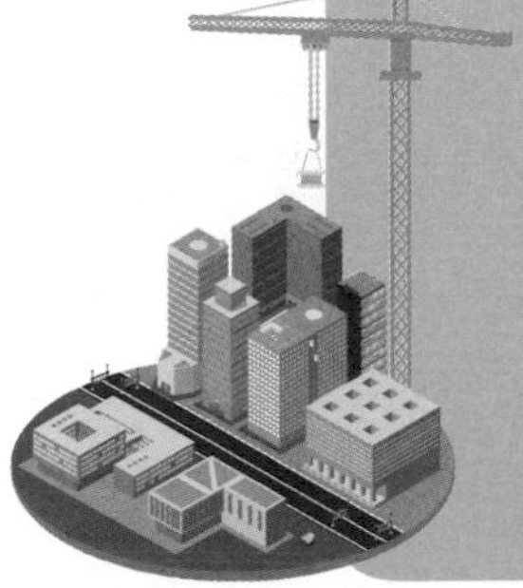

原本的二百二十五%提升為二百九十二．五%。原本一坪土地只能蓋二．二五坪的室內面積，便可以蓋二．九二五坪的室內面積，多了〇．六七五坪。

但也不是參與了都市更新就一定可以爭取到想像中的高額容積獎勵，很多人以為藉由都市更新，就可以從一間舊房子變成二間、甚至是三間以上的新房子。比如我有台北市住三的土地十坪，而你有台北市商三的土地十坪，雖然我們都

圖9-1 容積獎勵

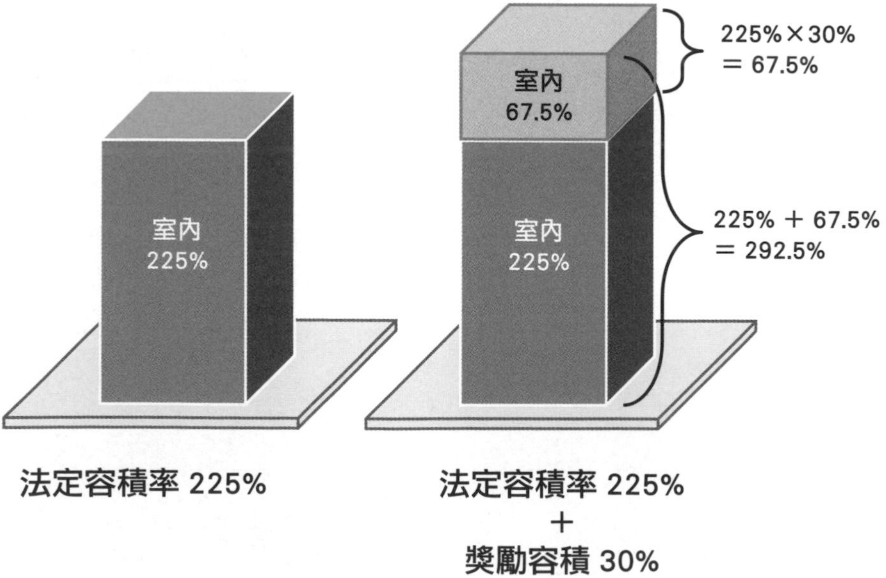

擁有十坪土地，但是參與都更之後，各自可以分到的房屋面積一定不一樣。到底參與都市更新，對自己的權益會有什麼變化，我們應該客觀地了解，而不是「我覺得」我家很有價值、「我覺得」我家是風水寶地、「我覺得」我家……所以要比別人分多一點。每塊土地與環境條件不盡相同，都須評估之後才能確定。

10 新房子的陽台、走廊等地可以改成室內嗎？

◎免計容積的空間

走入一棟大樓的一樓大廳，直到進了家門，經過的走道、樓梯、電梯等地方，再加上家裡的室內面積，建築法規上統稱為樓地板面積。而梯廳、陽台、樓電梯等空間的面積大小，依規定也有一定比例的限制，不是想蓋多大就可以蓋多大，以下將其簡稱為X面積。

萬一X面積超過一定比例，原本的室內面積就會減少。舉例來說，假設依容積率可以蓋一千坪室內面積，另外在一定比例下可以蓋三百坪的X面積；當X面積多蓋一百坪，室內就少一百坪，剩下九百坪，而X面積增加，也意味著公設比可能增加。

反過來說，可不可以把三百坪的X面積變成室內面積呢？答案是「依法」規定不行。就算可以，沒有電梯、樓梯，要怎麼走進家裡呢？

｜圖10-1　免計容積示意圖｜

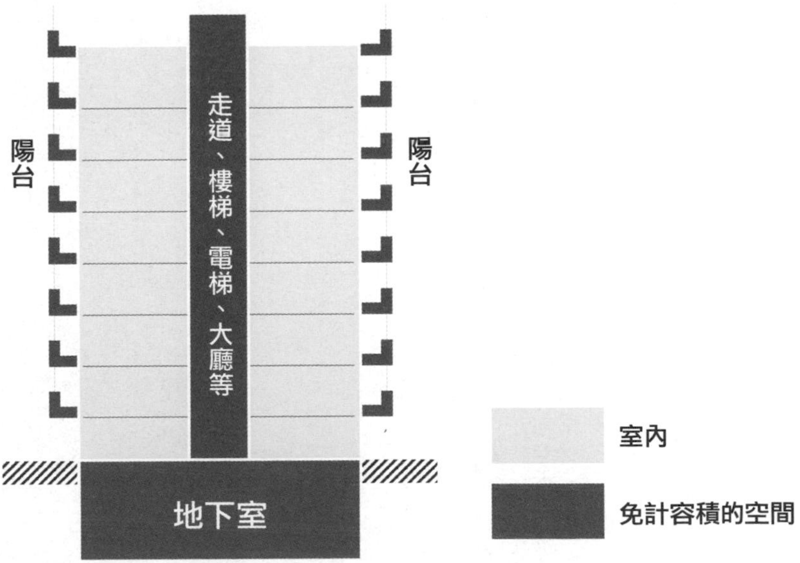

11 面積有不同單位？

◎平方公尺與坪

面積單位是一件很有趣的事。登記謄本上使用的單位是「平方公尺」，而談都更合建或是一般買賣房屋時，講的單位大多是「坪」。所以當說到土地或房子面積，一定要記得確認單位到底是「平方公尺」還是「坪」，搞錯可是差很多的！

回想一下以前學校教的：

一平方公尺（m^2）＝〇．三〇二五坪

一坪＝三．三〇五八平方公尺（m^2）

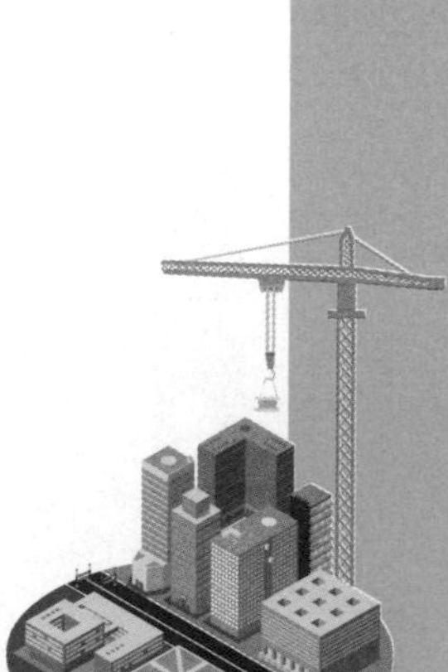

假設建物登記謄本上記載著房屋面積是一百平方公尺，換算成坪就是一百平方公尺×〇．三〇二五＝三〇．二五坪。平方公尺通常以「m^2」來表示。

1m^2和1坪到底是多大呢？我們可以這樣想像：1m^2大概是室內門的一半再大一點點；一坪大概比雙人棉被再小一點點。若家裡有榻榻米，一坪大概就是兩疊榻榻米的大小。

圖11-1　面積示意圖

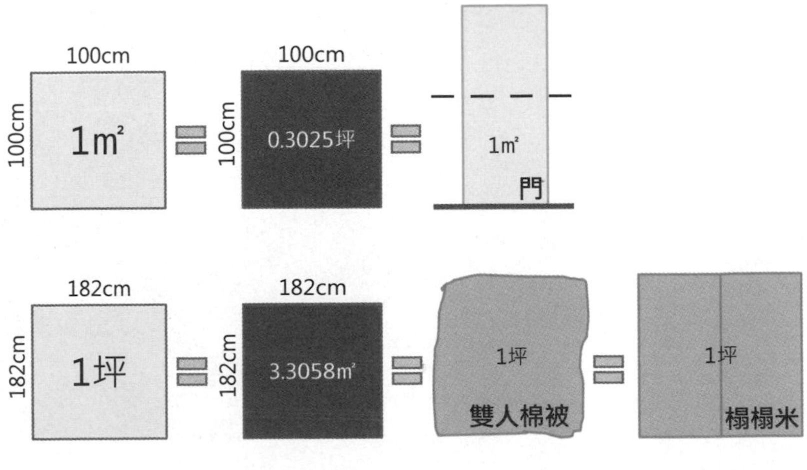

12 新房子面積分不夠，蓋高一點就好？

◎樓層高度

常有參與都更的住戶對建商說：「面積分不夠，就多蓋幾層、蓋高一點！」相信讀過前面「容積率」之後，就會明白這是錯誤的觀念。一塊基地能蓋多少面積取決於容積率，而不是高度。

能不能減少每一層的面積，再將這些面積往上堆疊，也就是原本可能是一千坪的十層樓變成一千坪的二十層樓呢？

答案是：不一定。

一塊基地能蓋房子的高度，其實受各種法令限制，不是想蓋二十樓、三十樓，甚至一〇一都可以隨心所欲。

在建築技術規則、各縣市的土地使用管制等法規中，針對建築高度都有規範。比如說：一比三·六面前道路陰影、高度比、深度比、落物曲線比、航高限制等，而台北市都市更新對於建築高度雖有特別規定可以放寬，讓都更重建有機會蓋高一點點，但是也不用高興得太早，這依舊受限於其他法令的限制。

不過這些規劃設計的問題當然不用我們傷腦筋，交給專業的建築師吧！

圖12-1　樓層高度示意圖

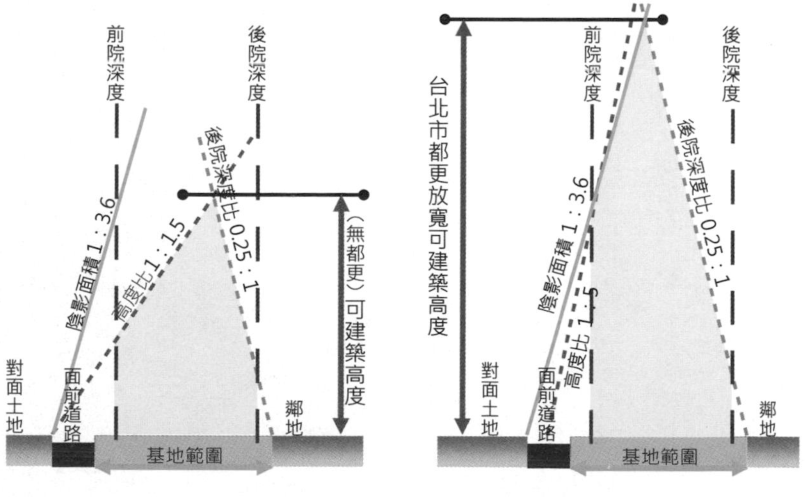

13 新房子一定要有公設嗎？

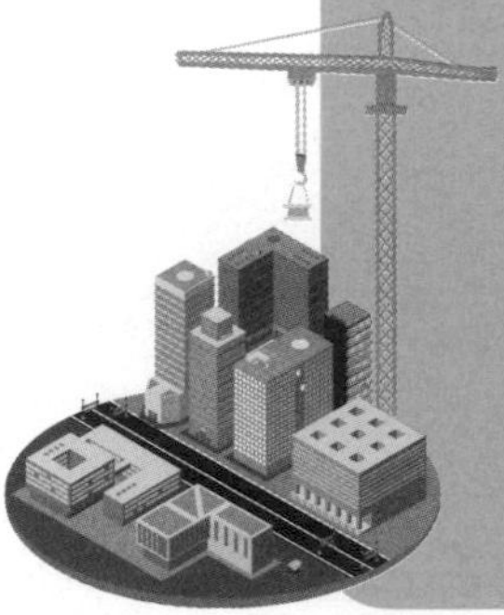

◎公設與公設比

要知道什麼是公設比，首先要有一個觀念：房子的產權面積是由專有面積加上共有面積所組成。

專有面積依公寓大廈管理條例，是指公寓大廈中具有使用上之獨立性，且為區分所有之標的者，也就是室內空間（主建物）及陽台、雨遮和屋簷（附屬建物）。不過要提醒，原則上自一〇七年一月一日以後，雨遮和屋簷就不能以附屬建物辦理登記了（參考地籍測量實施規則第二百七十三條）。

共有面積則依建物所有權第一次登記法令，包含：

(1) 共同出入、休憩交誼區域，如走廊、樓梯、門廳、通道、昇降機間等。
(2) 空調通風設施區域，如地下室機房、屋頂機房、冷氣機房、電梯機房等。
(3) 法定防空避難室。
(4) 法定停車空間。（含車道及其必要空間）
(5) 給水排水區域，如水箱、蓄水池、水塔等。
(6) 配電場所，如變電室、配電室、受電室等。
(7) 管理委員會使用空間。
(8) 其他。

登記面積則是專有面積加上共有面積。想像一下，家門內就是專有的地方／專有面積，家門外就是公用的地方／共有面積。

為什麼需要公用的地方呢？因為要進到家裡，勢必得經過大樓的大廳、走廊、樓電梯等，又或是日常生活中必須的水塔、機房等，都是組成一間房子不可缺少的部分，所以共有面積是組成新大樓不可或缺的一部分。假設家裡的專有面積是二十八坪，另持分了外面的共有面積十二坪，產權就會登記成四十坪（先不考慮停車位）。而一般認為的「公設比」便是以「共有面積÷登記面積」，以上述例子而言，公設比便是三十%（十二坪÷四十坪）。

公設比的高低，可以藉由登記面積來做調整，所以建議與其關心公設比的高低，倒不如多花心思在專有面積上，好好想想專有面積是否符合生活需求。

一般正常的實施者會規劃合理的公設比，因為公設比愈高其實愈難銷售，如果房子賣不掉，即意味著實施者投入的成本無法回收，對實施者來說就麻煩大了。特別要注意的是，沒有天花板的空間，比如說中庭花園、露台是無法做為產權登記的。

圖13-1　產權面積與公設比

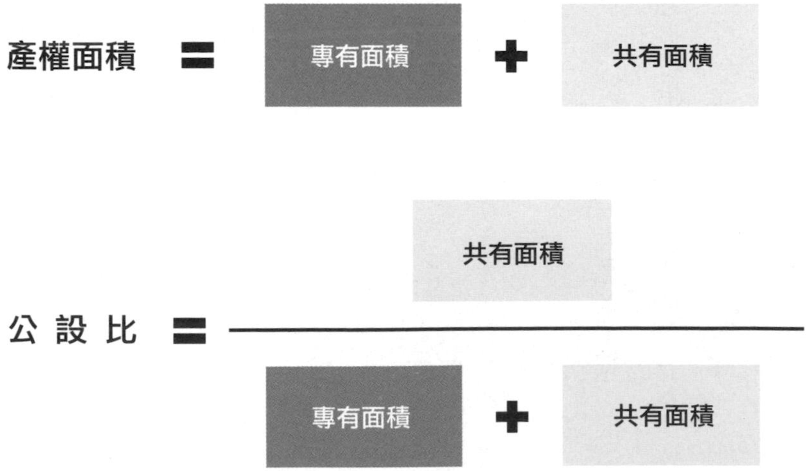

14 將來產權登記的面積會比現在設計圖看到的大？

◎建築面積與產權登記面積

蓋房子之前，要先經過土地測量，檢視土地的範圍、大小是否正確，再找建築師規劃設計。等設計圖畫好之後，這一套符合建築法規的設計書圖，還必須經過建築主管機關審查，審查通過後，施工廠商才可以依照這一套設計書圖開始建造。

以上過程中的建築面積認定，都是依建築相關法規為依據，而建築法規認定的面積算法多是以「牆中心線」為計算依據。

等房子蓋好，要開始做房屋產權登記時，這時的主管機關從建築機關變成了地政機關。地政機關認定的產權登記面積不是依建築相關法規，而是回到地政相關法令，是以「牆外緣線」為面積計算依據。

圖14-1　面積計算示意圖

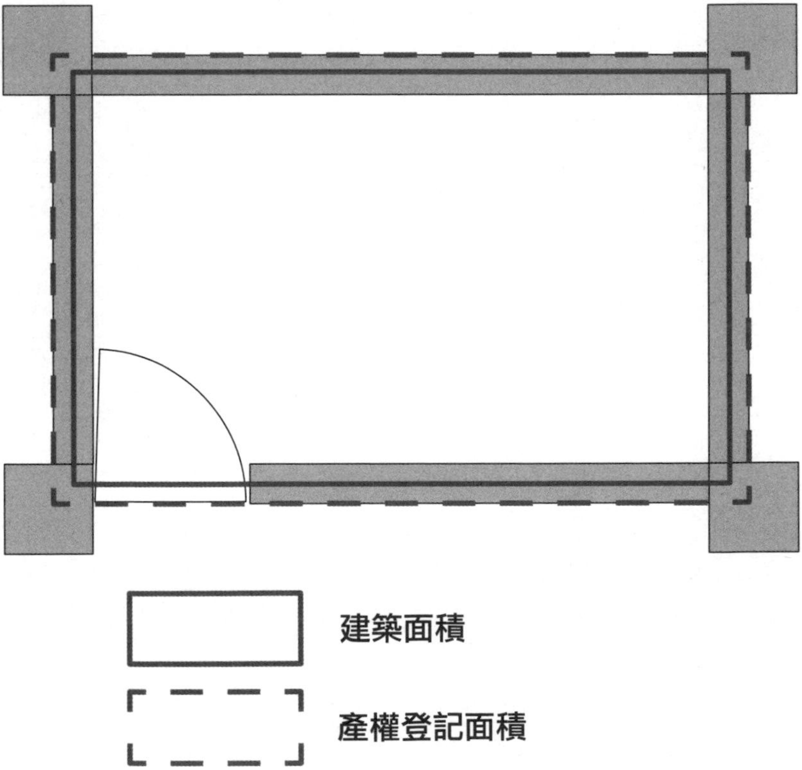

因為建築面積是依「牆中心線」來計算，產權登記面積是依「牆外緣線」來計算，所以雖然是同樣的空間，但通常產權登記面積會比建築面積要大一點點，兩者有差異。與實施者談論面積時，最好先確認雙方講的是產權登記面積還是建築面積，以免發生不必要的誤會。萬一發現對方也搞不清楚，這家實施者值不值得合作、信任，相信心中也能做出初步判斷了。

15 以「權利變換」做分配，是以什麼變換什麼？

◎權利變換和估價

更新重建前，更新單元內的權利人或是實施者，有土地出土地、有房子出房子、有權利出權利、有錢出錢……一起參加都市更新重建，重建完成之後，每個人依自己更新前提供的土地、房子、權利、資金等價值，換算成特定比例，也就是類似「股份」的概念，以此來計算每個參與者可分配重建完成的房地價值，以及該支付的成本費用。這就是權利變換。

更新前的比例主要依據土地建物的臨路條件、周圍設施（公園、宮廟……）、土地形狀、面積等因素來判定，而更新後的房地價值則是依當時市場行情預估。

舉例來說，假設更新重建後的房地價值五億，成本費用為二億，若住戶甲擁有十％的股份時，就可以分到五千萬的房地，同時要支付二千萬的成本費用（含實施者資金投資利潤）；而如果甲不想支付這兩千萬，則可以用五千萬的房地來作抵付，也就是甲可以選擇分配三千萬的房地，就不用再從口袋裡掏錢出來了。

圖15-1　權利變換和估價

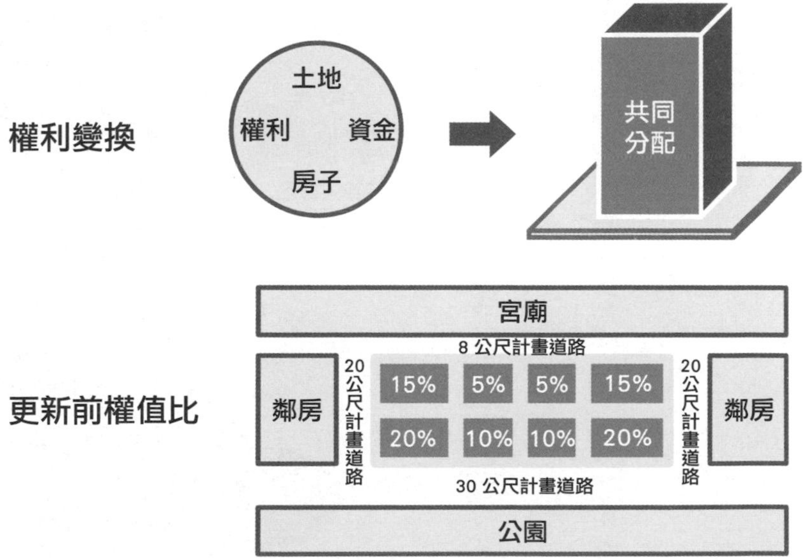

16 不了解成本，怎麼知道建商是不是亂報價？

◎都市更新重建費用

分配及重建後的房地價值是由不動產估價師依專業、市場行情及法令來判定，至於重建的成本費用呢？這部分則依政府機關提列的法令項目及價格來預估。

以台北市為例，依「都市更新事業及權利變換計畫內有關費用提列總表」主要成本費用可分為：

(1) 工程費用

(2) 權利變換費用

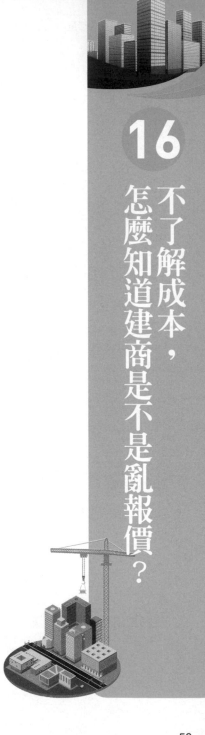

(3) 貸款利息
(4) 稅捐
(5) 管理費用
(6) 容積移轉費用
(7) 都市計畫變更負擔費用

這些成本費用又可以區分成許多不同的細項，而政府也規範了它們的計算方式及基準，並且受到都市更新審議委員的把關。

雖然多數人都沒有專業或管道可以判別這些費用合不合理，但是要有一個觀念：天下沒有白吃的午餐。蓋房子是要花錢的，公辦都更也是一樣。回想一下權利變換的概念，是從你「可分得」的權利價值中扣除「應負擔」的成本後，剩餘的才是你「實際應分得」的價值，這當中其實便已經包含了「付費」的概念，千萬不要以為沒從口袋裡拿錢出來就是免費的。

| 圖16-1 |

都市更新事業及權利變換計畫內有關費用提列總表

<table>
<tr><th>總項目</th><th>項目</th><th colspan="2">細項</th></tr>
<tr><td rowspan="16">壹、工程費用</td><td rowspan="11">一、重置費用（A）</td><td colspan="2">（一）拆除工程（建築物拆除費）</td></tr>
<tr><td rowspan="5">（二）新建工程</td><td>1.營建費用(含公益設施及特殊因素）</td></tr>
<tr><td>2.建築設計費用</td></tr>
<tr><td>3.鑑界費</td></tr>
<tr><td>4.鑽探費用</td></tr>
<tr><td>5.建築相關規費</td></tr>
<tr><td rowspan="5">（三）其他必要費用</td><td>1.公寓大廈管理基金</td></tr>
<tr><td>2.開放空間基金</td></tr>
<tr><td>3.外接水、電、瓦斯管線工程費用</td></tr>
<tr><td>4.鄰房鑑定費</td></tr>
<tr><td>5.其他</td></tr>
<tr><td rowspan="5">二、公共設施費用（B）</td><td rowspan="3">（一）協助公共設施開闢</td><td>1.公共設施用地捐贈本市土地成本</td></tr>
<tr><td>2.公共設施用地地上物拆遷補償費用</td></tr>
<tr><td>3.公共設施工程開闢費用</td></tr>
<tr><td colspan="2">（二）協助附近市有建築物整建維護所需相關經費</td></tr>
<tr><td colspan="2">（三）其他必要之費用</td></tr>
<tr><td rowspan="9">貳、權利變換費用（C）</td><td colspan="3">一、都市更新規劃費用</td></tr>
<tr><td colspan="3">二、不動產估價費用（含技師簽證費用）</td></tr>
<tr><td colspan="3">三、更新前測量費用（含技師簽證費用）</td></tr>
<tr><td rowspan="4">四、土地改良物拆遷補償及安置費用</td><td colspan="2">（一）合法建築物拆遷補償費</td></tr>
<tr><td colspan="2">（二）合法建築物拆遷安置費用</td></tr>
<tr><td colspan="2">（三）占有他人舊有違章建築拆遷補償費用</td></tr>
<tr><td colspan="2">（四）其他土地改良物拆遷補償費用</td></tr>
<tr><td colspan="3">五、地籍整理費用</td></tr>
<tr><td colspan="3">六、其他</td></tr>
<tr><td>參、貸款利息（D）</td><td colspan="3">一、貸款利息</td></tr>
<tr><td rowspan="2">肆、稅捐（E）</td><td colspan="3">一、印花稅</td></tr>
<tr><td colspan="3">二、營業稅</td></tr>
<tr><td rowspan="5">伍、管理費用（F）</td><td colspan="3">一、人事行政管理費用（F1）</td></tr>
<tr><td colspan="3">二、營建工程管理費（F2）</td></tr>
<tr><td colspan="3">三、銷售管理費（F3）</td></tr>
<tr><td colspan="3">四、風險管理費（F4）</td></tr>
<tr><td colspan="3">五、信託管理費（F5）</td></tr>
<tr><td rowspan="2">陸、容積移轉費用（G）</td><td colspan="3">一、辦理費用</td></tr>
<tr><td colspan="3">二、容積取得成本</td></tr>
<tr><td>柒、都市計畫變更負擔費用（H）</td><td colspan="3">一、都市計畫變更負擔費用</td></tr>
</table>

17 以「合建」做分配？

◎權利變換與一般合建

簡單來說，權利變換是價值分配的概念，而一般合建是協議分配的概念。

權利變換的分配是把所有的東西全部轉成「錢」來計算，也就是房地價值或是成本費用。而可以領到多少價值，應該支付多少成本費用，實際可以分得多少價值，都必須等到事業計畫報告書草擬後，才能有個輪廓；過程中依估價師估算出的價值與權值比例做選配，等到送審核定後，權變報告書所記載的分配資料就是定案的分配結果。

假設住戶甲實際應分得價值為三千萬。若住戶甲決定選配五十坪且單價五十萬的房子，外加一個一百五十萬的車位，則總值兩千六百五十萬，還可以「領取」三百五十萬的差額價金；若住戶甲決定選配五十坪且單價六十萬的房子，外加一個一百五十萬的車位，則總值三千一百五十萬，必須再「支付」一百五十萬的差額價金。

而這些分配面積、位置、差額價金等，都必須依權利變換審議結果為準。

至於一般合建的分配不論是用面積或是價值為依據，只要和實施者協議好，把雙方合意的分配內容寫在合約當中，便完成了。

圖17-1 權利變換價值分配示意圖

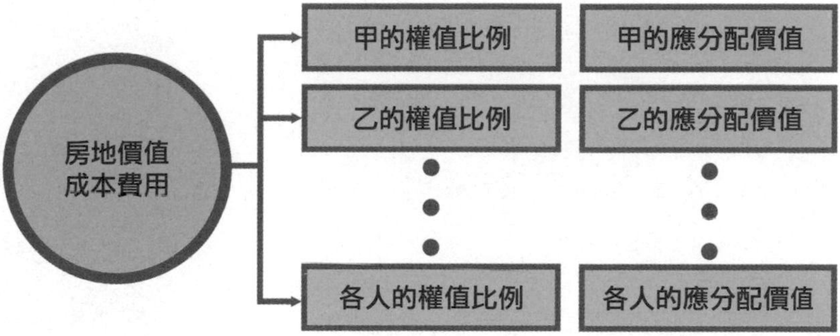

圖17-2 合建協議分配示意圖

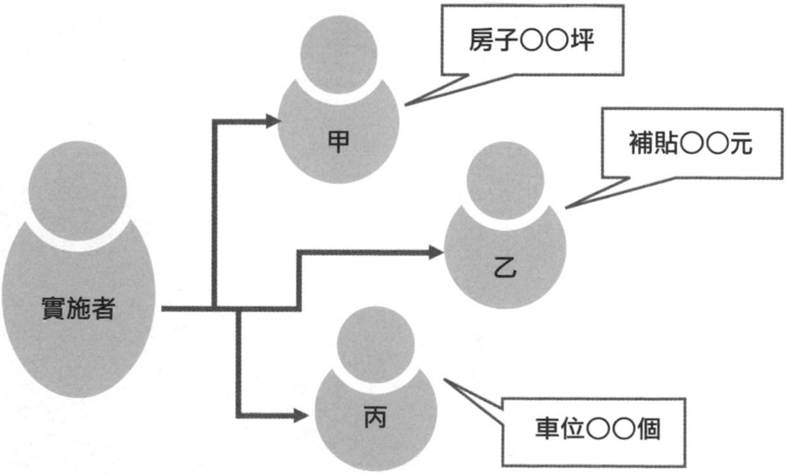

18 合建是什麼意思？

合建通常由地主提供土地，建設公司提供資金和專業技術，雙方共同合作興建房屋。

◎一般合建三大類型

合建方式可分為以下三種。

(1) **合建分屋：**地主與建設公司協議條件，雙方各分得多少建物及土地面積、車位數，並可獨立處分自己的產權。

(2) **合建分售：**新房子完成後，土地仍屬地主擁有，而建設公司在土地上面蓋的房屋則屬建設公司擁有，出售給買方時，則地主出售土地，而建商出售房屋。

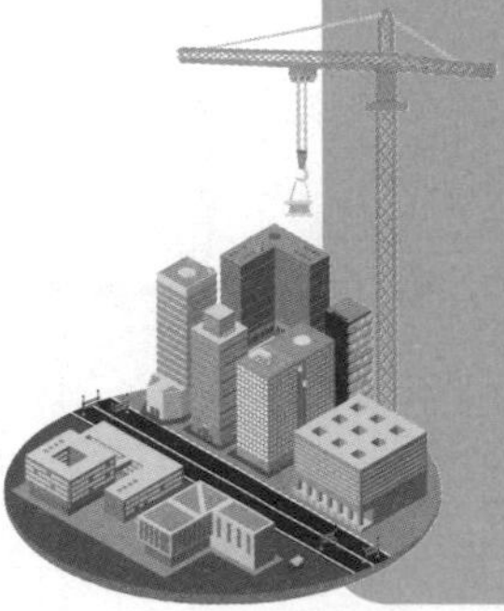

(3) **合建分成**：地主與建設公司雙方協議分配房地出售後的利潤比例。

因為權利變換的制度必須等到權利變換計畫書核定後，才能確定分配到的價值及位置，當無法確定可以分配到多少時，大多數人其實也不太願意將都更同意書簽給實施者，於是實務上實施者談都更重建

圖18-1　合建示意圖

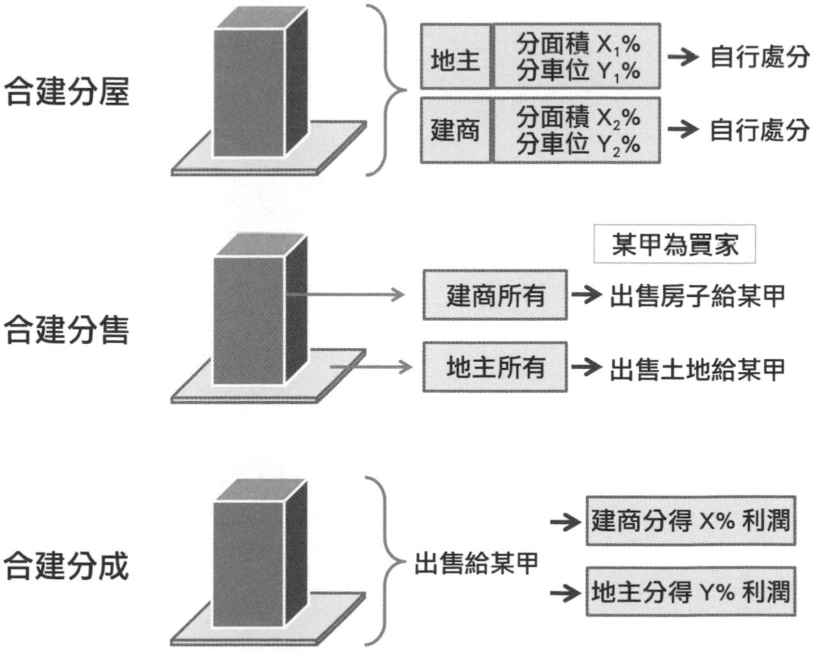

時，除了法定的權利變換分配模式外，多會搭配合建分屋的概念，也就是協議各可以分得多少權利，並簽署合建契約書以保障雙方的基本權益。

19 選擇合建，如何保障自己的權利？

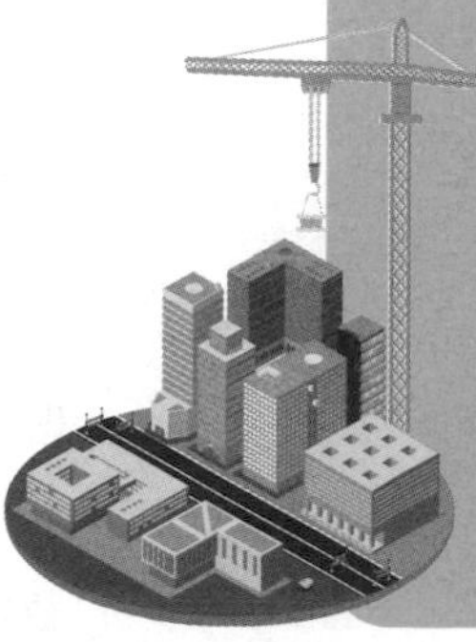

◎合建保證金、信託及稅負

傳統合建行為中，地主為確保建設公司能依約完成興建，同時也增加簽合約時的誘因，多會要求建商提供合建保證金。保證金的數額有以土地公告現值來計算，也有以每坪土地多少錢來計算，哪種選擇則以雙方協議為主。然而比起合建保證金，信託機制更能保障地主及實施者雙方的權利。信託的概念是地主將土地、建設公司將資金信託於信託單位（多為銀行）專款專用，如此可避免建設公司將建築資金、預售收入等惡意挪用，也避免地主因為債權糾紛而使土地無法依約參與合建。

若地主擔心實施者可能會倒閉、停工，更為保全的做法是地主可於信託合約中加註「續建條款」，如此可避免建設公司倒閉及工程停擺之狀況，屆時若不幸發生慘案，信託單位便可啟動續建機制，續辦房屋興建事宜。但就算有了續建機制，也不一定有完工保證！當實施者拿出信託契約書要求簽章時，記得看清楚信託保障的內容。無論是哪一種合建方式，參與合建的地主或住戶均須注意過程中可能衍生的稅負問題，如：營業稅、所得稅、土地增值稅、房屋稅、地價稅、契稅、印花稅、房地合一稅等；故在簽署合建契約書之前，必須把各稅負的納稅義務人表示清楚，以免開開心心交屋後，又因稅負問題搞得一肚子氣。

圖19-1　信託示意圖

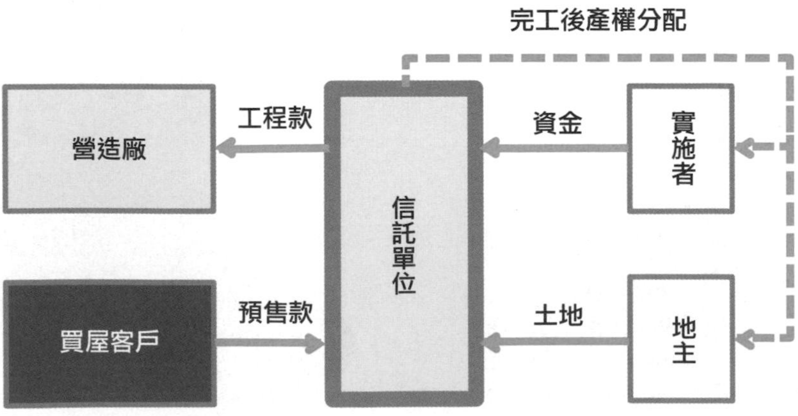

20 常見的合建條件爲何？

◎協議合建的分配方式

都市更新開發過程中，如果是以協議合建的方式做為分配依據，則多屬於「合建分屋」的方式，因而衍生的問題是：雙方要如何協議分配的面積、比例及選配？

以下整理了常見的計算及分配的方式。請注意！因為個案狀況各有不同，且每個權利人間有不同的權利型態、生活習慣，因此實際應用仍須視個案狀況判斷，沒有一個萬能公式可以解決所有的問題。

以下試算僅為說明概念用之模擬數值，僅供參考，非實際案例。

面積分配

通常分成依土地或依現況房屋面積兩種方式。

(1)土地坪效：坪效是指一坪土地可以蓋幾坪房子。比如一坪土地可以蓋四坪房子（含公設），雙方協議合建比例為六四分，即住戶分得二．四坪（六十％），實施者分得一．六坪（四十％）。

(2)建物面積：以住戶現況居住的面積來協議，如現況居住在室內二十坪的房子，住戶直接與實施者議定更新合建後新房子的室內仍為二十坪。但是此方式原則上仍是取決於土地坪效的產值，假設某甲持有房子二十坪，土地零坪，那表示他沒有貢獻土地來產生房子，即土地坪效為零，這時若某甲要求協議分回二十坪，此協議可能就會有爭議了。

合建比例

假設蓋一坪房子的成本費用是三十萬，而同時這一坪房子在市場上可以賣到一百萬（先不考慮車位），合建比例至少就是三十％【三十萬÷一百萬】，也就是建商至少要分回三十％才能打平成本。

打平成本之外，假設建商承作案子的預期獲利是二十％，也就是一坪房子賺六萬（三十萬×二十％），於是建商的合建比例便會變成三十六％【（三十萬＋六萬）÷一百萬】，地主分六十四％。

分屋選配

(1) 水平分屋：雙方約定樓層分配。比如十層樓雙拼（A、B戶）住宅，住戶分配一到六樓，建設公司分配七到十樓。

(2) 立體分屋：各樓層的面積雙方均有分配。比如十層樓雙拼（A、B戶）住宅，地主分配一到十樓的A戶，建設公司分配一到十樓的B戶。

(3) 價值分屋：計算整棟房地價值後，雙方各自以分得之價值自由選屋。如十層樓雙拼（A、B戶）住宅（含車位）總值十億，住戶分得六億，建設公司分得四億，故住戶可自由選擇合計總值六億的房屋戶別及車位。

(4) 其他混合型：可能是水平分及價值分、或是立體分及價值分，或住戶與實施者協議一個雙方認同的方式來選配房屋。

圖20-1　坪效示意圖

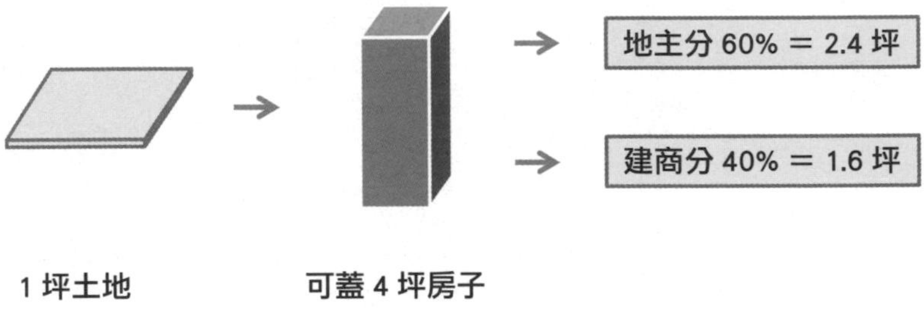

圖20-2　分屋示意圖

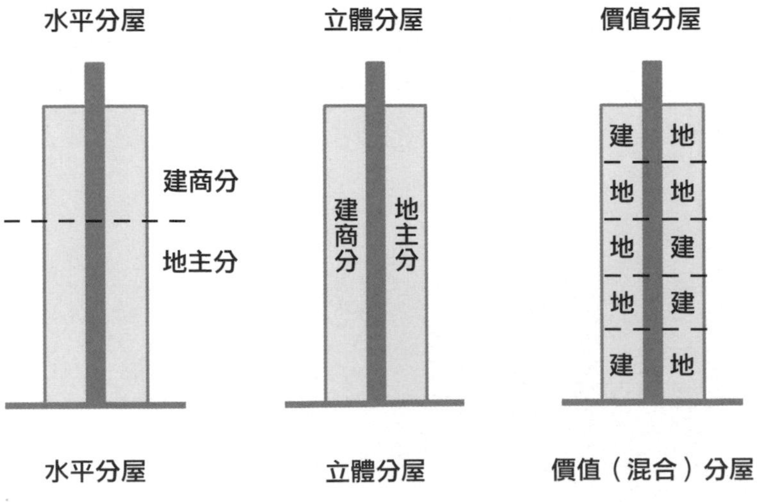

PART 2

都更 × 合建 20 個契約案例

俗話說：「他山之石，可以攻錯。」看看別人曾經犯的錯誤、發生的問題，避免同樣的爭議發生在自己身上。（本章案例皆改編自真實事件，當事人姓氏均為化名。）

01 瞎米？一樓分到的比樓上還少？

◎以「標準層」價格為計算標準

台北市南港區有一個都更案，其中有一棟兩層樓高的公寓。譚小姐的房子位於一樓，並與建商談好了合作都更的條件：她（地主）所提供土地的法定容積及都更獎勵容積，均是地主分得五十七．五％、建商分得四十二．五％，合約並記載房屋面積價值之換算，是依建方第一次對外公開銷售時表列標準層之價格為計算標準。

除此之外，本案為爭取稅捐減免優惠，將以權利變換方式實施，不過合約明確約定：「若權利變換應分配條件或價值與本合約應分配條件或價值不同時，以本合建契約分配結果為實際分配結果，雙方不得異議。」

房子快要蓋好時，譚小姐收到建商寄來的「選配房屋找補金額計算表」。依合約計算可分配的房屋面積沒有多大問題，換算的標準層每坪單價五十八萬元，即是建商所稱第一次對外公開銷售時表列標準層的價格，譚小姐因選配更新後一樓和二樓，其中一樓的單價為一百零五萬元、二樓則為五十二萬元，但如此的選屋結果是譚小姐要找補很多錢。換言之，譚小姐原本的可分配坪數如果要換更新後的一樓，必須多花費快一倍的籌碼，而她原本就住在一樓，卻要用將近一倍的代價來換（已扣除營建成本）。

◎合約未注意一樓樓層效用價值

樓上同樣是選兩間房子，但因為譚小姐選一樓，要找補的錢便比樓上多很多。看完「選配房屋找補金額計算表」，譚小姐氣得快要昏倒，馬上聯絡建商。建商表示完全依雙方合約約定辦理，無任何問題。譚小姐打電話到都更處陳情，並且申請閱覽及影印權利變換計畫（當時行政實務尚未於核定通知送達時一併提供計畫書光碟），一看計畫書才知道她更新前的權利價值比例比樓上層高了不少，因此如果依照她更新後的應分配權利價值，同樣選配一樓和二樓，實際要找補的錢並不多。然而在談合約的分配條件時，她沒有將一樓的樓層效用價值考慮進去，因此如果是用樓上標準層的單價換算可分配坪數的價值，再拿去選配高價的一樓，當然吃虧。

但是合約的白紙黑字就是如此約定，而且又因為合約明文約定雙方分配以合約為準，還沒有「擇優」的空間，因此譚小姐就算尋求司法救濟恐怕也沒有辦法勝訴；房子已經蓋好，向主管機關陳情大概也沒有用。不過或許是當時的景氣狀況還不錯，建商合建獲利不差，且自知理虧，因此還是選擇與譚小姐和解，雙方另行協商了一個差額找補的金額。

特別注意一樓的分配約定

一樓的房子可能有商業效益，因此價值會較樓上高，但其土地持分與樓上相同，算出來的可建容積與樓上一樣，因此如果沒有考慮一樓的價差，換算出來的選屋價值就會與樓上住戶是相同的，但如果用同樣的選屋價值來選擇有價差的房屋，就會出現上述的不合理情況。

一樓的價值估算不易，商效高的一樓如果要分樓上戶別，很容易將原本其他樓層地主的可建坪數吃完，因為「餅＝土地」只有一個。在協商合建分配時，一樓更新前後的價差往往是忽略不計，也就是用「面積」換「面積」，不用再換算價值，但選配一樓如果有剩餘面積，其面積要換算成樓上層的面積時，就仍要考慮兩者間的「價差」，換算成一定倍數。

合約可採「擇優」條款，不要以「公開銷售表列價格」為準

「都更合建」比起「傳統合建」有個優勢，在於權利變換實施的都更，政府會審議建商報核的權利變換計畫內容，亦即會審查地主的分配是否合理，因此如果本案地主合約採用權利變換分配「擇優」條款，至少可以避免最不利的情況。從而，「都更合建」形同政府會協助地主對於合建分配做最基本的檢視，可以確保協商智識或能力不佳的地主，能有個還算合理的分配條件。

可選屋面積換算成選屋價值，最好不要用「公開銷售表列價格」為基準，因為價格表往往只有建商與代銷公司有，外部人員很難知悉，因此建商告知的單價未必正確，不如約定「選屋時提供」或「權利變換計畫核定」的單價，才比較能有確切的依據。

02 一坪五十萬找補變成一百五十萬？

最近走在台北市大安區街頭，可能會在幾棟相間的住宅大樓間，突然看到這棟高聳巨大的豪宅，抬頭張望很難看得到它的屋頂。原來這是一棟經過「都更」加持過的，加上之前還適用的停車獎勵，建築容積較原先增加將近一倍。

這件都更案的建商早在民國九十四年間，就已和地主簽好都更合建契約，九十五年中申請報核都更事業計畫，實施方式是「協議合建」，不進行「權利變換」程序。都更行政流程進行當中，建商曾依照主管機關要求，調整建築基地面積，並因為環評結論要求縮減樓層，須變更計畫，所以直到九十八年底才完成最終事業計畫的核定，九十九年取得建造執照。

黃先生於九十四年與建商簽訂合約時，約定地主可以分配房屋面積八十坪，並約明於本案取得建照後依建商通知辦理選屋，選屋時如果超選或少選坪數，一坪以新台幣五十萬元相互找補。

◎時空條件不同，缺乏調整機制

但沒想到這段期間，房屋竟然由九十四年原本一坪五十萬元的行情，飆漲到一坪一百五十萬元，合約中又沒約定地主可選房屋面積的上限，從地主的角度來看，當然要多選房屋，因為多選一坪就可現賺一百萬；反之從建商的觀點來看，當然希望地主不要多選超出原本約定的坪數，因為被多選一坪就倒賠一百萬萬。

黃先生希望多選四間房，除了自己之外，讓每個子女都能分到一間；但建商要求黃先生連一間也不可多選，結果雙方就僵持不下，無法達成選屋協議。現在大樓已經蓋好，黃先生竟然還沒分到房屋！

小叮嚀

約好合約效期及調整機制

站在公平的立場，合建契約應約明地主可在約定的分配面積或價值之一定比例內選屋，並依選屋時建商所提供的價格表找補屋價，超過該範圍，則以公開銷售價或一定比例的金額找補。

合約中最好約明一定的效期、調整或退場機制，以免經過太久的前期準備時間，時空環境已經大幅改變，這時依照雙方原約定內容履行，可能有失公允。雖然一方可依據民法「情事變更原則」，訴請法院變更合約內容（可參照民法第二二七之一條），但實務上法官適用此原則的態度甚為嚴格。

地主與建商簽訂合建契約，如果是「以協議合建方式實施」都更（亦即不走權利變換程序），合建契約千萬要約定清楚分屋的方式。而如果是「以權利變換方式實施」（亦即俗稱的「假權變、真合建」），政府多少還會管到房地的分配事宜，但若是單純「以協議合建方式實施」，就只有私約的分配（不會記載在計畫書上），因此政府是完全不會過問分配的！

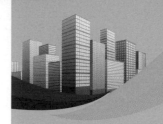

03 選配規則沒約定，怎麼可以限制我選屋？

新北市土城區一個都更案，建商和王先生、李小姐分別談好了合約。王先生原本擁有一樓店面，雙方約定更新重建後，王先生還是可以選擇與原本一樓位置相對應的A店面。李小姐原本擁有一棟透天厝，更新後不想分一樓，但想要分最頂層，於是與建商約定好要分更新後十六、十七樓各一層一戶的兩大間。而他們更新後的應分配價值，依建商委託三家估價師估價，都沒有超過實際應分配價值。

沒想到，到了權利變換選配日當天，突然殺出了個程先生和他的妹妹程小姐，分別也要選一樓和十七樓。程先生原本的應分配價值為二千三百萬元，同樣要選王先生想選的五千萬元價值一樓A店面；程小姐的應分配價值與哥哥程先生同為二千三百萬元，也要選李小姐想選的二千五百萬元價值十七樓頂樓。

◎缺乏選配原則，抽籤決定？

建商為了不違反跟王先生及李小姐的約定，選屋時不讓程先生和程小姐選一樓A店面及十七樓，程先生與程小姐認為既然他們的選屋分別與王先生與李小姐重複，理應以抽籤決定，由中籤者分配。建商則主張程先生與程小姐所選的房屋，都分別超出了他們應分配的價值，尤其是程先生應分配價值才二千三百萬元，卻想選高達五千萬元的房屋。程先生與程小姐對此反駁，依照建商寄發給地主的選配通知書，以及公聽會提出的簡報說明，皆沒有「選配原則」的記載，依據都更相關法令規定，建商不得限制

	王先生	李小姐	程先生	程小姐
應分配價值	六千萬元	四千六百萬	二千三百萬元	二千三百萬元
希望選配	一樓A店面（五千萬元）	十六樓、十七樓（共四千五百萬元）	一樓A店面（五千萬元）	十七樓（二千五百萬元）

地主「超額」選配房屋。

建商再拿出內政部民國一百年的函釋，指出如果地主選的房地價值「遠高於」其應分配價值，宜由實施者與地主合意為之，且不得影響其他地主應分配部分優先選配權益。程先生和程小姐則反駁，他們選屋的價值並沒有「遠高於」其應分配價值，尤其程小姐才超選二百萬元，連應分配價值的十％都不到，根本不是「遠高於」，更何況本案的權利變換估價還沒有經過市府都更審議會審議，審議後地主的應分配價值通常會增加，現在建商卻連「超額」僅不到十％權值的房屋都不讓她選，顯然違法，且非合理。

雙方各說各話，程先生與程小姐堅持要用抽籤的方式決定，建商卻也堅持不讓程先生與程小姐抽籤，最後建商認定兩人沒有合法申請選屋，於是依據都更相關法令規定分別幫他們代抽到十三樓的A、B兩戶及十四樓的C、D兩戶。程先生與程小姐當然很不服氣，於是將選配過程的錄音轉譯成逐字稿，向新北市政府提出陳情，新北市府則回函建商表示其選配程序可能違法，要求趕快與陳情人協商或者重新辦理選配程序。

小叮嚀

如果實施者沒有在事業計畫表明選配方式，則不能任意限制地主選屋。依據都市更新權利變換實施辦法第十一條規定：「選屋實施權利變換後應分配之土地及建築物位置，應依都市更新事業計畫表明分配方式辦理；其未表明分配方式者，得由土地所有權人或權利變換關係人自行選擇。但同一位置有二人以上申請分配時，應以公開抽籤方式辦理。」

實務上通常限制不得超額十%，是否合法？

目前實務上，實施者常在事業計畫表明地主不得超額選配其應分配價值的十%，除了援引上開辦法做為法源依據之外，另外常常引用內政部民國一百年十二月七日台內營字第一○○○八一○五三五號函釋做為依據。不過內政部該函釋並不是沒有爭議：第一，該函釋指的是地主選配的價值「遠高於」應分配價值，但什麼叫「遠高於」並沒有講清楚。第二，該函釋在解釋「遠高於」的後面，特別提到內政部一百年十月十九日台內營字第一○○○八○九二二四號的解釋函，經查該函文所載為「超出應分配之權利價值達一個或數個面積單元」，因此如果選配超出應分配權值的「超額」部分未達一個面積單元，可能就不是前面函釋所指「遠高於」的情形。第三，內政部營建署在九十七年十一月頒布的《都市更新作業手冊》，其中第八—四十及八—四十一頁所載「選配限制」的範例，乃是「實際選配後找補以不超過一個分配單元為原則」。第四，雙北市房地價格甚高，土地所有權人為了選配自己屬意的單位，很容易超過應分配價值甚多，因此前開函釋是使用「遠高於」等語，而不是一旦「高於」、「些許」即屬之。綜合上述，如果覺得實施者在事業計畫表明的分配方式不合理，可以爭取改善。

優先選屋權利宜表明於事業計畫上

有些實施者會在事業計畫中限制地主只能從一樓往上選屋，實施者則由頂樓往下選，在實務上不太認可這樣的選配原則；但如果是讓原一樓店面地主於更新後有優先在原位置選配一樓的權利，則通常被認為是合理的選配限制（對其他地主而言）。因此本案王先生在與建商簽約時，約定他可以在原一樓位置的店面有優先選屋的權利，即使在「權利變換」程序中，對於其他未簽私契的地主也是合理的。不過王先生宜口頭或在合約中明文提醒建商，務必將此優先權表明於事業計畫上，否則可能發生類如本案的爭議。

本案例李小姐與程小姐都想選頂樓戶，程小姐的應分配價值雖然低於頂樓戶的價值，但相差不到十％，建商未能與程小姐簽訂協議，因此不能要求程小姐不要與李小姐搶，而縱使建商在事業計畫中表明讓「應分配價值」高者優先選配，但在審議實務上亦曾有爭議（畢竟三家估價單位的委託及評定者皆為建商），所以最好的方式仍是讓兩人抽籤決定。合約中如果對於地主實際能夠分配的位置沒有把握的話，最好不要寫死，如果雙方同意約定地主可以分配特定的位置，也應該約明如果無法選到時的處理方式。

04 無用的合約分配？

台北市松山區最近來了一位在地建商整合都更案，建商與其中一位許姓地主就分配條件談了很久，好不容易談定地主可分得房屋的坪數、車位數及選配方式，雙方就準備要簽約，地主也找了律師來審閱合約。

建商提供給地主的合約寫得很詳細，裡面除了雙方的分配條件之外，就「更新單元範圍」、「實施方式與建築規劃」、「信託管理」、「甲方應配合辦理之事務」、「甲方產權保證」、「保證金支付與返還」、「搬遷費補貼與租金補貼」、「現有房屋騰空點交作業」、「甲方選配房屋及汽車停車位之原則」、「差額價金及稅費繳納」、「設計變更」、「工作施作」、「工程期限」、「更新大樓產權登記」、「更新大樓專有部分驗收房屋」、「更新大樓共用部分驗收房屋」、「公共管理」、「保固責任」、「稅費負擔」、「遲延責任」、「解除契約」、「水、電、瓦斯裝設」、「通知送達」、「管轄法院」等約定事項，都規範得清清楚楚，可以想見經過嚴謹的律師審閱過，法律及合約用語均無問題，體系及條文順序也十分清晰、流暢。

◎合約分配條件＝權利變換內容？

然而，這個合約有一個關鍵的問題點，就是在「其他約定事項」中，有一條項的記載是：「本案核定權利變換計畫內容所載之甲方應分配價值，如高於或低於本約約定應分配價值時，雙方同意以核定權利變換計畫內容所載之價值為準，並依契約書第十一條約定辦理找補。」當場地主律師就詢問建商：這豈不是「真權變」？

建商答稱是，律師再詢問地主是否知情，地主表示不解其意。建商則回說「新北市都市更新契約注意事項」也有明載「以權利變換方式實施，可約定以權利變換計畫核定內容為準」，本案就是要依都更條例規定的權利變換方式實施，一切悉依法辦理，地主的權利未來將有政府把關，對地主的權益保障應屬無虞。

不過律師回答建商：這樣的說法不是不能成立，但「新北市都市更新契約注意事項」也明載「若雙方另有協議者，甲方應分配價值得採權利變換核定內容或以雙方協議內容二者擇優辦理」，雙方既然已就分配條件協商多時，合約所載的分配條件當然就不應該只是「僅供參考」，否則雙方根本無須在合約中約定分配條件，因為反正最後都是依權利變換計畫核定為準。

最後，建商同意將原條文改成「擇優」條款。如果當初地主不明就裡簽下這份合約，那真的是簽了一紙根本「沒有」分配條件的合約。

小叮嚀

實際上，都市更新「權利變換」制度的理想，本來就是要建構一個公平、公開的分配機制，因此採用「真權變」，也就是一切依照政府核定的權利變換計畫分配房地及車位，並不是不可。由於國人在簽署都市更新同意書前，通常要明確知道自己未來能夠分配多少，才願意簽同意書，但是目前法令所規定的權利變換估價機制，也有令人詬病的地方，因此除了地主自組更新會主導都更之外，現今大多數由建商主導的民辦都更，仍然多是採取和地主事先約定一定分配條件，或者兼採得以權利變換核定內容或雙方約定內容擇優辦理的方式。

最近，實務上已有愈來愈多由政府主導「公辦都更」的案件，實際上，「公辦都更」甄選投資廠商的方式，也多半是要求投標者承諾一個「共同負擔比例」，再視權利變換審查結果「擇優」辦理，其實與一般私地地主要知道能換回多少坪數才願意簽同意書的想法完全一樣。因此，我國要能真正走向「真權變」，似乎並不十分容易（但有趣的是，公有土地依都更條例第二十七條參與「民辦都更」時，卻只願採權利變換）。

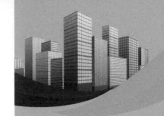

05 找補金額不同，差點上當！

范老先生住在台北市松山區一間老屋，建商欲辦都更來到家裡整合土地，范老先生因為年事已高，只想在老房子裡安享天年，故不同意都更改建。不過范老先生的兒子卻想換住新屋，於是和建商花了好大的力氣，終於說服范老先生參加都更，雙方簽訂「協議合約書」。

范老先生和建商簽的「協議合約書」，內容雖然不多，不過攸關范老先生可分配房屋、車位及找補的規定，大致都寫在裡面，其中包括范老先生依照權利變換計畫所載可選配的權利價值、想要選配房屋及車位的樓層與編號、依約應找補的金額，以及依約可領取的補償費、建材保證、誤差找補方式等。

◎超額選配後不想付找補金額

原本依照權利變換計畫的記載，范老先生更新後可選配房屋及車位的價值為三千七百萬元，但他想選兩間房屋，一間自住、一間留給兒子，因此超額選配達四千六百萬元。可是范老先生不想找補這九百萬元，建商當然不同意，雙方談了好幾個月，最後建商終於答應，合約上所記載范先生依約應找補的金額為「零」元。

其後，都更案終於核定通過，范老先生一家也依照建商的通知搬遷出去。有一天，建商通知范老先生領取搬遷租金，當天因為兒子外出上班，因此范老先生自己到建商那裡領取租金。建商一次交付半年的租金，不過卻當場說要配合都更程序，又要范老先生另簽一份合約。范老先生看了一下，似乎和當初簽的合約沒有什麼太大的不同，由於范老先生年紀已大而且不疑有他，因此沒有多加細看就簽了。

◎受騙簽下第二份協議

回到家中，兒子看到范老先生簽的合約，分配的房屋雖然完全相同，車位編號則有不同，但重點是找補金額竟然變成九百萬元，一看差點昏倒；隔天立刻衝到建商的公司質問，然而建商卻不予置理。於是范先生趕緊尋求律師協助，律師隨即代為發函向建商表示基於受詐欺而撤銷范老先生第二次簽的協議書。幾經數度協商，建商終於願意返還范老先生第二次簽署的協議書正本。不過范家始終擔心建商還留有影本，將來分配不知是否會再生變。

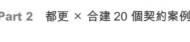

小叮嚀

訂妥房屋、車位分配及相關配套，立約才周全

雙方只要約定一定的合建條件，不論條文多寡、約定內容繁簡，就可成立「都更合建契約」，也就是「私約」。實務上不乏地主與建商僅就房屋及車位分配，約定幾個最重要的條款，內容往往僅有一張A4大小的紙，其餘都依照政府核定發布的權利變換計畫辦理。這樣的做法並無不可，不過權利變換計畫對於雙方的私權規範究屬有限，建議地主簽立的「都更合建契約」，至少還是能夠包含本書第三章所列舉的基本條文，較為周全。

本案政府核定的權利變換計畫內容，實際上沒有依照契約上所約定的分配條件登載（僅有其中一間房屋和一個車位），通常是基於不便公開或其他原因，這時合約就應該明確約定將來如何移轉，以及可以確保分配的方式。本案透過律師協助，約定建商應於一定的時期內變更權利變換計畫，讓地主多選配的分配單元及車位可以登載在權利變換計畫書中，將來辦理權利變換登記時則可確保分配無虞。

簽署文件前須詳細閱讀內容

常聽聞都更或合建案中有老人家遭騙簽同意書或合約的情形，應特別注意，簽訂合約前最好也尋求律師的專業協助。合約通常一式兩份，但有時建商卻藉故不給或要收回合約，本案幸好范老先生有拿回一份，因此得以發現受騙。如果是受詐欺簽立的合約，可依民法規定撤銷，甚至提告刑事詐欺罪。不過要注意，應於發現詐欺後之一年內提出。

06 獎勵變多，地主竟然沒有多分?!

台北市中山區有一個都更案，有家知名建商約在民國九十七年來到這裡整合，九十九年三月報核都市更新「事業概要」，並在十一月取得核定，接下來就要進行「事業計畫」的報核程序。

這個更新單元基地內有一位蘇姓地主，建商希望蘇先生能夠出具同意書，讓他們能夠報核事業計畫，建商並告知蘇先生更新單元內已經有很多地主同意，如果蘇先生不與建商簽訂合建契約，就要用「權利變換」的方式計算蘇先生房地的權值。蘇先生素聞權利變換的估價並不是十分公平，因此擔心自己被用權利變換的方式處理，於是答應和建商簽訂合約。

◎直接約定分配數量

當時，建商告知蘇先生更新後預計興建十五層樓高的大樓，依照當時估算的獎勵值及雙方約定的合建分配比例如下表：

一坪土地可分得產權坪三．四坪，以蘇先生在更新單元內共有二十九．八坪土地計算，換算更新後應分配建物面積為一百零一．三二坪；汽車停車位則以蘇先生的土地占建築基地面積的比例，乘以建築設計之車位數量，計算下來是三個車位。從而，雙方在一百年一月簽約時，就約定「房地分配」：「甲方（即地主）可分配建物（住宅）產權登記面積為一百零一．三二坪、汽車停車位（平面）數量為三個」，並約定：「本案依權利變換方式進行房地及車位選配，但甲方實際應獲分配之房屋、車位數量，仍以本約之約定為準。」簽約前，蘇先生的兒子建議請專業律師審閱合約，但蘇先生詢價後，覺得律師審約的費用太貴，自己看過覺得合約應該沒什麼問題，就直接與建商簽約。

◎計畫通過，原先分配結果反吃虧

簽了合約之後，蘇先生就沒有再過問更新程序的事，這段期間市政府有寄一些要召開公聽會、聽證會的通知書函，蘇先生皆不以為意。後來事業計畫經市府審議通過，市府寄來核定的公函，蘇先生也沒特別去看公函所附核定計畫書光碟的內容。一直到了權利變換階段，蘇先生收到了建商寄來的選屋通知，一看建築設計及可選的房屋，才發現更新後竟然從原本認知的十五層樓暴增到二十一層樓。

蘇先生趕忙拿出「事業計畫」光碟印出計畫書，對照原先的「事業概要」，容積獎勵值多出了約三十％，房屋總產權登記坪數從原本約三千五百坪，增加到四千八百多坪，車位則從八十九輛增加到一百一十九輛。如此換算下來蘇先生更新後應分配建物面積就不應是一百零一．三二坪，而是一坪土地可分得產權坪四．六坪，共計應分配一百三十七．〇八坪，車位也應該是四個，而不是三個。結果，蘇先生依照合約分配的結果，還不如依照權利變換估價計算權值的分配。

蘇先生氣得寫陳情書到都更處，但都更處卻回覆說那是雙方的私約爭議，不是都更處可以管的，應循司法程序解決。蘇先生悔不當初，如果當時有請律師協助審閱合約，或許今天就不會變成這樣的局

	合約約定換算方式	合約分配結果	計畫分配結果
土地	一：三．四 （地坪：建坪）	一百零一．三二 （建坪）	一百三十七．〇八 （建坪）
停車位	依原有土地占全部土地比例，乘以設計車位數量	三（個）	四（個）

面，也不需要上法院打官司！

小叮嚀

合約最好列出計算式，並約定以政府審議結果為準

許多合建契約約定地主可分配的房屋面積，僅約明一定的數值，並未敘明該數字是如何計算出來的。都更合建與傳統合建比較不一樣的地方，在於容積獎勵的數額事後還需要經過審議才能確定，雖然像本案例容積獎勵與原本預計結果「暴增」的情況並不多見，但為保險起見，建議最好還是將計算式列出，並約定以政府的審議結果為準，另可約定一定數值為「最低」的保證坪數。

事先約定如何分配容積獎勵

建商申請容積獎勵新增的坪數，依理可能未必均應一概以合建比例換算地主可分配的房

屋坪數。因為有些獎勵值可能是建商額外支出成本換來的，有些獎勵值則可能是其他地主或屋主貢獻而來的（例如道路地捐贈、舊違占戶的獎勵），所以哪些特殊的容積獎勵應該以多少的比例分配（容積移轉亦同），最好事先約定清楚，以免發生爭議。

如果地主擔心自己議約能力或資訊不足，談好的分配條件可能不夠理想，除了諮詢專業者之外，還可以在合約中訂定「擇優」條款，也就是地主未來可選擇以「合約」或「權利變換」的分配結果「擇一」為分配條件，而非「一概以合約為準」，至少還有政府為地主的分配作最基本的把關，以及可避免發生意料之外的情況（例如本案報核的事業計畫與核定事業概要的容積獎勵申請數值差異甚大）。

與分配到房屋坪數的價值相較，律師的審約費用其實極低，切莫因小失大。許多地主於簽約後發生問題時都說：「當初沒找律師，真是悔不當初！」

一般而言，地主與建商簽定都更合約之後，其後的行政程序原則上就無需過於在意、緊張，但建議地主仍應注意各階段不論是建商或是政府所發布或通知的資訊，關心最新的進度與內容，以免發生意外之事，並可適時提出異議或救濟。

07 有條件的優惠？

◎立約補足分配坪數

台北市信義區有間老舊建物，某家建商登門拜訪，希望能整合土地辦理都更。建商提供給藍姓地主的原合約分配條件如下頁表。

建商據此做了一份「權益分配說明表」給地主，以地主持分土地及本案預計爭取的容積獎勵，換算地主可分得的建物權狀面積大約為二十九．〇三坪（建商未提供容積獎勵申請的內容）。雙方協商了很多次，這位地主希望至少能分到整數面積，建商也答應給到三十坪，但建商希望能寫在「契約補充協議書」裡，不要寫在「本約」。於是除了「都市更新合建契約書」之外，建商另擬訂了一份「契約補充協議書」。上面記載：「乙方規劃之更新後建物面積應接近甲方依第一條得分配之面積二十九・〇三坪，乙方同意補足銷坪為三十坪，不適用原合建契約第四條第二項第二款；獎勵若有增加部分則依獎勵比例分配。」

◎地主想追加坪數，建商提議說服鄰地加入都更

然而，到了約定簽約的當天，地主仍不以此為滿足，竟然要求最後能分到的室內面積必須有五十坪，與原本講好權狀面積三十坪（含公設），兩者間存有很大的落差，建商當然不答應，但地主也因此不願簽約。

建商見地主態度強硬，又不希望整合破局，於是想出了一個法子說服地主。建商的開發人員告訴地主：「如果鄰棟的地主都

項目	地主	建商
法定基準容積	六十%	四十%
都更獎勵容積（扣除捐贈道路的ΔF4及安置舊違占戶的ΔF6部分）	五十%	五十%

願意參與更新，而且談到的條件不如你的條件，就有多餘的籌碼可以分配給你。」

這位地主想想很有道理，便答應建商的條件，於是建商又再擬訂了一份「增訂契約補充協議書」，約定：「甲方同巷地主及合法建物所有權人應共同參與本合建案，且其分配之條件不優於甲方依原契約補充協議書之分配條件時，乙方再依下列條件分配給甲方：建物室內面積（專有部分）至五十坪整（未含公設），並使甲方取得建物面積相對應比例之土地持分。」最後雙方簽了「都市更新合建契約書」、「契約補充協議書」及「增訂契約補充協議書」共三份合約。

約定固定坪數，事後難調整

許多地主不太明瞭土地開發可建之總銷坪數計算方式，因此偏好直接約定可分配一定面積的建坪。事後如果都更容積獎勵核定的數額有所變化，因為該可分配建坪數仍是固定的，

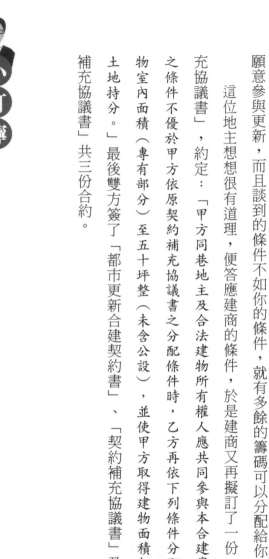

即使合約有約定可以調整，也很難計算出該調整多少。例如本案第一份「契約補充協議書」約定「不適用原合建契約第四條第二項第二款」，等於是將原本「本約」約定可分配房屋坪數的計算方式「覆蓋掉了」，雙方約定的房屋分配方式變成「固定坪數式」的約定。但其後段又有一句：「若有增加部分則依獎勵比例分配」，惟實際上建商所製的「權益分配說明表」，並未載明要申請哪些及各為多少之獎勵容積項目，因此根本無法比對出到底有沒有或有多少「增加部分」，等於是一個「無用」的約定。

可約定固定坪數為最低坪數保障

地主如果要約定「固定」坪數，除非很有把握談到的一定不比未來核定的可建容積差，否則還是建議地主不要捨棄「計算式」方式的約定，而將「固定」坪數約定成建商願意給予的最低坪數承諾。不過，為求合約的合理公平，仍建議賦予建方在可建容積經政府核定顯然不如預期、低於一定比例時，可以有請求調整或解除合約的機會。

建商如果有提供「權益分配說明表」，並詳細說明分配的計算方式，建議附於合約附件，才有法律效力，並且應注意是否「僅供參考」。如果雙方約定是以最後政府核給的容積計算可分配坪數，當然可在表格旁註明「實際數值以政府核定為準」，惟即使如此，這個說明表仍有日後檢驗、調整分配坪數的功用。

本案地主簽的第二份「增訂契約補充協議書」，顯然並不明智，建商等於是設下了一個很難成就的「條件」，就算達成，這位地主也很難舉證其他地主的條件為何，甚至就算能夠拿出其他地主的合約，由於合建土地條件未必一致，倘若合約未能將分配的計算方式寫得清清楚楚，彼此其實並不容易比較孰「優」孰「劣」，因此這根本是一份「無用」的補充合約。不過或許也是地主無理、要的太多，建商才出此下策吧！

08 一加一不等於二？原條文不見了！

◎約定建商支付搬遷補償之後，追加租金補貼

台北市南港區某個都更案的文姓地主和建商簽訂都更合建契約，雙方約定地主將原有房屋點交給建商時，建商應支付「搬遷補償費」二十萬元，並載明在合約的第五條。後來，地主發現鄰居的合約竟然還有「租金補貼」，於是氣急敗壞地質問建商為何當初沒有寫到租金補貼，建商則回答：「每個人的合約本來就會不一樣，也許別的地主在其他條件沒有比較好。」但地主無法接受，堅持比照其他地主一樣有租金補貼，建商受不了這位地

主每天打電話來抱怨，最後答應提供。

雙方談好租金補貼的條件後，建商另提供了一份「增補協議書」要地主簽署。這份協議書上記載：「經甲、乙雙方協議，修改原合約部分條文如下：修改第五條內容為：乙方同意對甲方所持有之舊建物支付租金補貼，補貼期間自乙方書面通知甲方搬遷後，甲方將戶籍移出且搬遷騰空完成、房地點交予乙方之日起，至使用執照核發日為止，每月新台幣八萬元整。」地主當場不疑有他，歡天喜地簽了「增補協議書」。

◎搬遷補償被取代為租金補貼

某天，地主覺得不太對勁，拿出合約來看。兩相比較後發現，「增補協議書」上說是「修改原合約部分條文」，而且是「修改第五條內容」，這樣原合約「第五條內容」似乎就被修改成「租金補貼」，原本約定的「搬遷補償費」二十萬元是不是就被覆蓋過去了？地主趕緊尋求法律諮詢，律師則回答說這樣的文義，確實很有可能被解讀成原來的「搬遷補償費」已經被「租金補貼」所取代。地主聽到後又氣急敗壞地去找建商，他絕對沒有要用

「租金補貼」取代「搬遷補償費」之意思。但是建商不想改約，堅持當初就是要這樣取代。

剛好台北市政府頒布新的「都市更新事業計畫同意書」範本，並要求新報核的案件都要使用這個同意書範本，這位地主原本簽的同意書就不能用了，建商於是要求地主再簽署一份新的同意書。但地主因為雙方的合約文字有爭議，所以遲遲不願簽。雙方僵持了一個多月，最後建商決定不要為了二十萬元讓案子卡關，就同意地主修改合約文字，在「增補協議書」加上「搬遷補償費」，地主失去的「搬遷補償費」才終於又「回來」了。

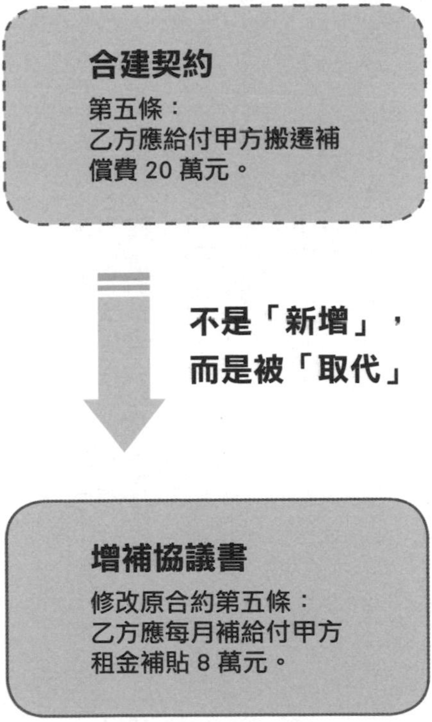
合建契約
第五條：
乙方應給付甲方搬遷補償費 20 萬元。
不是「新增」，
而是被「取代」
增補協議書
修改原合約第五條：
乙方應每月補給付甲方租金補貼 8 萬元。

小叮嚀

合約解釋首重文義，雖然法律有規定解釋意思表示應探求當事人的真意，但在訴訟實務上，主張非如合約文義解釋的一方要負舉證責任，而簽約現場除非有錄音或錄影，否則法院很難還原現場，往往還是依合約字面上的意思為準，所以簽訂合約時一定要很小心，很有可能「失之毫釐，差之千里」，最好委請專業的律師協助審閱。

俗語說：「羊毛出在羊身上。」建方補貼地主的租金，實際上為建方合建的成本之一，因此在協商合建比例時，自然也是要算入成本來評估。本案原本合約沒有租金補貼，是否因為當初在談合建分配比例時，已經將租金成本排除，事後難以探知。除非當時建商有將合建成本列出，並據此協商出一定的比例。因此地主最好能夠事先了解合建的基本常識，以免協商時什麼都不清楚，就同意建方所開立的條件，事後再後悔就來不及了！

09 合建？權變？傻傻分不清！

新北市三重區有一位鍾小姐最近簽了一份都更合約，第一條約定：「本案由甲方擔任實施者，以協議合建方式執行，甲方配合出具辦理都市更新所需同意書等相關文件。」接著第四條約定雙方的合建分配比例及分配方式，其中有一項規定：「若甲方選屋不足或超過面積時，雙方同意於交屋時按公開銷售之底價九折互為找補單價。」並於第五條約定甲方的選屋時機為：「乙方應於取得本案建造執照後二十日內通知甲方選屋，甲方於接獲乙方通知後十日內應完成選屋手續及簽妥選屋協議書。」

依據這幾條規定，本案似乎應該是「以協議合建方式實施」都更，否則如果是「以權利變換方式實施」的話，因為「權利變換」在「檯面上」一定有「選屋」的程序，所以應該不至於等到建造執照取得後才選屋。但是這份合約又在第八條「稅費負擔」裡規定：「本案依都市更新權利變換方式處理，乙方應依都市更新條例第四十六條規定，代地主申請減免地主應納之土地增值稅與契稅。」而且在第四條中約定有關停車位的分配，也有寫到「甲方分得停車位以權利變換方式取得」。因此依據這份合約要走的都更程序，到底是「以協議合建方式實施」，還是「以權利變換方式實施」？

地主常有的疑問是：為什麼和建商簽了合建契約，約定了分配條件與分配方式，之後卻還有一份權利變換計畫書？而且上面記載了關於自己的分配結果，和合約寫的不太一樣。到底是以合約為準，還是以權利變換計畫書記載的為準？為什麼建商講的是要「合建」，現在又是用「權利變換」？然而，不僅地主搞不清楚，有些建商擬的合約，也沒有將「以協議合建方式實施」與「以權利變換方式實施」區分清楚。

小叮嚀

都更合約的封面或名稱常記載著「都市更新合建契約」，但基於稅捐或其他考量，往往不是「以協議合建方式實施」，兩者雖皆名為「合建」，但其內涵、實施方式與程序，卻不一定等同，實不可不辨。在條文的用語上為求精確，宜參照都市更新條例的規定，稱作「以協議合建方式實施」或者「以權利變換方式實施」。

合約及權利變換擇優辦理，「真權變亦真合建」

原來因為都更整合未必能達到所有地主皆同意，即使是百分之百同意，也可能基於稅捐上的考量、都更範圍內還存有公有地或其他因素，在建商與地主都簽了合建契約後，「檯面上」仍有進行「權利變換」程序的需要，實際的權益分配則依「檯面下」的「私約」分配。在有「權利變換」情況下約定的「私約」，目前司法實務也未曾因為其可能與「公法」上的「權利變換計畫」牴觸而宣告無效，這就是俗稱的「假權變、真合建」情況。不過如果合約約定分配條件是合約及權變兩者「擇優」的話，「權變」也未必皆「假」，因此有人稱「擇優」是可以使實務的做法成為「真權變、真合建」。

「以協議合建方式實施」≠「以權利變換方式實施」

其實都更也未必要進行「權利變換」程序，如果百分之百同意都更，不考慮税捐及公有地等問題的話，可以不進行權利變換程序，就是都更條例第二十五條規定以「協議合建」的方式實施。這種實施方式只有都更事業計畫程序，事業計畫核定以後，就可以申請建築執照，直接進入計畫執行程序，而不進行權利變換。因此選屋的時點和方式，與有「權利變換」時不太一樣。

實務上曾看到一些整合都更的建商，因為沒有深入了解都更的程序規定，仍然沿用傳統的合建契約，因此許多條文規範與未來實際要進行的程序、辦理方式或時機等，會出現格格不入的情況，如果在履行上發生爭議，不論在適用合約或解釋條文都可能衍生疑義及困難，實不可不慎！

以下列表，將「傳統合建」、「以協議合建方式實施都市更新（都更條例第二十五條）」、「以權利變換方式實施都市更新」作一個對照，以方便讀者明瞭及比較。

比較項目	傳統合建	以協議合建方式實施都市更新（第二十五條）	以權利變換方式實施都市更新
同意比例	百分之百同意	百分之百同意	法定多數比率
容積獎勵	依都市計畫或建管相關法令所定	可享有都市更新容積獎勵	同上
稅捐減免	無	無	有
分配方式	1. 依合約約定 2. 多以面積為計算依據	同上	1. 經三家估價 2. 以價值為計算依據
選屋原則	依合約，多採行水平分配或垂直分配等方式	依合約	依事業計畫表明方式，未表明者，得自由選屋
找補	多約定以公開銷售價一定折數為找補依據	依合約	實際分配價值與應分配價值之差額
合約關係	有合約	有合約	無合約 不排除簽訂私約，另外成立私法關係，亦即俗稱的「假權變、真合建」）
同意書	土地使用權同意書（附隨義務）	都市更新事業計畫同意書（公法及私法上意思表示）＋土地使用權同意書	都市更新事業計畫同意書（公法及私法上意思表示）免檢附土地使用權同意書

法律關係解消	解約	解約＋撤銷同意	撤銷同意
行政程序	申請建照	事業計畫→申請建照	事業計畫→權利變換計畫→申請建照
資訊公開		公開展覽、公聽會、聽證會、審議會（分配結果不公開）	公開展覽、公聽會、聽證會、審議會
不參與分配房屋者之處理	雙方自行協議	同上	依三家估價結果為現金補償，並依法發放或提存
強制執行	依合約向法院提起民事訴訟，待確定判決取得執行名義後，始得強制執行	同上	逾期不拆除或遷移者，實施者得代為或請求主管機關代為拆遷
產權登記	依合約所定（如分屋、分售），委由建商或信託受託人處理	同上	由主管機關囑託登記機關登記
權益分配法律關係	私權爭執	私權爭執	公法關係
權益分配之救濟程序	向法院提民事訴訟	同上	行政救濟

10 全體地主各退一步，歡喜迎新屋

台北市信義區精華地段有一棟大樓被九二一地震震成危樓，後來由居民自組更新會、取得重建共識，並取得金融機構百分之百的融資，由銀行貸款並協助重建完成，成為都市更新重建的典範案例。其中，有一段不為人知的小故事。

原本在取得重建共識的當下，對於擁有一樓店面的地主來說，實際上是百般不願意。因為即使震成了危樓，店面也不是不能出租，而且當地價值不菲，出租的行情和震災前並沒有太大的差距。不過一樓店面的地主也顧及畢竟房子已成了「危樓」，能夠重建當然是好事，而樓上層的地主也多是通情達理之人，能夠體諒一樓店面地主的心情，因此願意給一樓地主較優惠的條件。

雖然本案是自組更新會都更，不過全體地主特別為一樓地主簽立了一個特約，就是自主更新的花費及重建後費用的結算，一樓地主僅需按照更新前房屋的「坪數」分擔，不必像法定「權利變換」是依照一樓更新前的「價值」分擔。對於要「負擔」費用的一樓地主而言，店面「坪數」所占全部地主房屋坪數的比例，當然比店面「價值」所占全部地主價值的比例，相對而言少了許多。而決定重建的當下，大家原是預期即使出售了因都更而新增加的房屋坪數，仍然不足支應重建費用，地主仍須貼錢負擔部分花費，因此一樓當然是接受此方案。

孰料，重建工程動工後迄至完工，這段期間的房地產價格大幅飛漲，更新會出售因都更而新增加的房屋坪數，所得竟然大於重建支出，所有地主於房屋完工移交後，不僅不需背負重建費用的貸款，還可以分到新增坪數出售後扣除重建費的餘款。這時如果依照當時的協議，一樓店面地主用「坪數」來計算「分配」比率，當然會比用「價值」來計算少得許多。不過，一樓店面地主接受了這樣的結果。總之，全體居民可以不用付一毛錢，歡歡喜喜地迎接全新的房屋，就已經難能可貴了！

小叮嚀

以更新前的「價值」計算更新後的分配與負擔

都市更新的「權利變換」，依據都更相關法令規定，更新後的價值及更新成本的共同負擔，均是以地主更新前的「價值」來計算分配和負擔，除非地主與實施者另行簽訂私約，否則就是依照這樣的規則來運作。在地主自組更新會的場合，原本是全體地主一律適用「法定」的規則來辦理，以求公平、公開，不太能容許成立私約。本案例算是十分特殊，因為全體地主均能共體時艱，相互折衝退讓，共同簽立一份協議，因此便有不適用法定「權利變換」規定的可能。

謹慎並守信，才能圓滿達成目標

約定就是約定，即使情事變更，上了法院對簿公堂，法官也是依照雙方白紙黑字的約定做成判決，不會輕易接受一方違約的理由，因此於簽約前當然應該要審慎評估，並充分了解相關的資訊。房地合約動輒牽涉上百、上千萬元的金額，千萬不要隨隨便便地就簽下名字，合約一旦成立，就不容輕易反悔。

11 簽約後地主搞破壞，法院判賠！

台北市士林區某個社區，建商在好幾年前就已進場整合，花費多年時間，終於整合到十之八九的地主都同意更新。建商準備在依法辦理「自辦公聽會」後，就向主管機關申請報核都更，其中有位柳姓地主也與建商簽有「都更合建契約」。

這位柳姓地主在更新單元範圍內有一塊土地，因為幫丈夫的貸款作保，曾以該筆土地設定高額的抵押給銀行，其後因為丈夫沒有還錢，土地遭銀行聲請查封，柳姓地主則希望透過法拍該土地，由女婿以較低的拍賣價金取回權利，藉以塗銷土地上的抵押登記。經過法院拍賣，柳姓地主的女婿買到了，但沒想到後來法院發現這筆土地是其他建築物的「法定空地」，依法不得拍賣給第三人取得，因此撤銷了拍定。柳姓地主的計策落了空，該筆土地上仍舊存有高額抵押，未來就算更新成功，抵押權也會轉載到柳姓地主所分得的房地上。

◎鼓吹其他地主退出，致使無法都更

柳姓地主因而就不想都更了，但因為建商整合都更已經到達法定門檻，不久後即要報核都更事業計畫，於是柳姓地主就開始破壞住戶對於建商的信任，不僅在建商「自辦公聽會」上宣稱建商在本案賺得太多，提到建商的種種不是，而且不斷散發傳單，號召地主「自組更新會」，宣稱自辦都更才不會「讓外人整碗捧去」。最後有許多地主信以為真，集體提出要「撤銷」都更同意書，結果建商取得的同意比例下降，達不到門檻，無法報核都更事業計畫，氣得對柳姓地主提告，主張要解約加倍退還保證金，並請求損害賠償。

法院審理後認為，雙方的合約明文約定：「由甲方（柳姓地主）提供土地，乙方（建商）依據都市更新條例擔任實施者並依法申請建造執照，甲方並應依本合建契約書及更新相關法令配合辦理。」因此雙方是約定由建商擔任實施者申辦都市更新為前提，柳姓地主依約並有「配合」之義務。現今柳姓地主卻在簽約後公然散發鼓吹地主「自組更新會」的傳單，確實屬於直接違反契約目的且情節重大之行為，依照雙方合約約定，建商有權解約，並請求加倍返還以該金額兩倍計算之違約金額。

然而，建商請求柳姓地主賠償其為本更新案已經投入的前期費用損失，雖據提出相關單據為證，不過法院認為，雙方合約是約定「如因甲方違約而致乙方損害」，乙方始得請求損害賠償，由於建商並不能證明其他地主撤銷同意是因柳姓地主的宣傳所導致，亦即建商無法證明係「因」柳姓地主違約「而致」受損害，因此判決建商此部分的請求不成立。

小叮嚀

因對方違約造成的損害不易確認，可約定賠償一定數額的違約金

站在公平的立場，合約簽署後，雙方均應本於誠信履約，因此合約約定地主簽署合建契約後應配合及履行之事項（例如本書第三章單元九所載合約範本第九條），應屬合理公平。

尤其建商整合開發土地十分辛苦，地主若惡意中傷離間，恐導致其前功盡棄、血本無歸，是以約定地主違約而有一定的違約處罰，並不為過，不過應注意其處罰內容的合理性。

欲主張因他方違約所受的損害賠償，必須要證明其數額及「因此所造成損害」的因果關係，司法實務認定上並不容易，尤其是「預期」利潤的損失（並不是「已支出」的費用），更是難上加難。因此一般合約常約定一旦違約即應給付一定數額之違約金，以免除損害賠償舉證的困難。不過依據民法第二百五十二條規定，法院仍得考量一切客觀情事、社會經濟狀況及當事人所受損害情形，依當事人一方之聲請酌減違約金至相當的數額。

12 合約沒約定地主配合用印，都更案卡住！

台北市文山區有一位陳姓地主，數年前與建商簽訂了都更合建契約，除了書面的契約之外，陳姓地主因為協助整合更新單元範圍內其他兩名地主有功，因此建商答應除了合約約定的分配條件之外，會再私底下給他五百萬元。為避免其他地主知道，建商僅口頭給予承諾，並沒有簽下白紙黑字的文件。

本案都更事業計畫整合同意到法定門檻經過報核之後，陳姓地主擔心建商反悔，便要求建商簽立願於計畫核定之後再給付五百萬元的切結書。但是建商卻否認有給予地主此項承諾，因此陳姓地主氣得不斷向都更主管機關陳情都更計畫的謬誤，並企圖杯葛、干擾都更程序，主管機關台北市政府因此邀集雙方召開了數場協調會議，然而都以不歡而散收場。

其後建商欲尋求土地及建築融資（建商在都更單元內也有土地），不過融資銀行見到陳姓地主的土地不小，為避免授信風險，要求建商務必請陳姓地主一併辦理土地信託，而台北市政府也因陳姓地主一再陳情，故要求建商取得陳姓地主的同意書。

建商無計可施，只好向法院提起訴訟，請求陳姓地主「依約」出具同意書及簽署信託契約書。但陳姓地主答辯主張，依據雙方合約的內容，建商請求其出具同意書，並無任何依據。其次，合約中關於信託契約的約定，是明文約定信託契約內容「需經甲方（即地主）事前審閱後簽定」，經審閱後陳姓地主認為信託契約內容有諸多不宜，故有權拒絕簽署信託契約。

在地方法院判決之前，雙方又經台北市政府數度協調，陳姓地主與建商考量都更案如果破局，對雙方均屬不小的損失，因此互退一步達成和解，本都更案並得以順利完成計畫核定、土地信託以及開始興建。

小叮嚀

任何承諾均應形諸書面文字，且最好委請律師協助審閱一下其用語及文字規範是否明確、可行。本案建商當初究竟有無給予地主額外的承諾，事後根本已不可考。

另外，合約簽署後雙方均應本於誠信履約，然而本案由於雙方合建契約內容對地主應配合之事項，規範不十分明確，因而衍生爭議。

銀行的信託契約一般是要所有的地主都簽署相同的合約，因此即使合約賦予地主於簽約前可審閱信託契約，但除非是明顯可見的問題，個別地主如果想要修改信託契約條款文字，實際上並不是那麼容易。地主如果審閱後不同意簽署信託契約，因而涉訟，司法實務可能會視地主不同意的理由來判斷其有無違反誠信原則，並據以認定是否構成違反雙方合約的情事。

13 遇到「龍腦」怎麼辦？

民國一〇一年三月二十八日發生「文林苑」都更強拆爭議，這一次事件使得政府不敢再輕易執行都更條例第三十六條所定「強拆」的公權力。另件廣為人知的不同意戶抗爭案件，是位在捷運永春站附近的都更案，早在九十七年核定的計畫，同意戶均已在核定後陸續遷出，但仍有不同意戶不願搬遷，以致無法實質動工。實施者建商為避免爭議持續，將不同意戶劃出成為「整建區段」，並在一〇四年一月完成核定發布實施變更後的計畫。

然而變更之後的「重建區段」內，仍有零星不同意戶分散在不同的公寓內，實施者雖於一〇五年三月依法向台北市政府申請代為拆除，但北市府僅指示實施者「依法處理」，其後實施者於七月突襲拆除重建區段內唯一的不同意戶，延宕十六年的「永春」都更案終在一〇五年九月動土。

無獨有偶，台北市汀州路上有件都更案，八十戶都更戶幾乎搬遷拆除剩下最後一戶，卻因該名不同意戶宣稱住家地處「龍腦」而不願拆遷，台北市長柯文哲還曾親去拜訪，卻仍無法說服，最後經實施者於一〇四年九月依都更條例第三十六條「代拆」自行執行強制拆除。

台北市大同區有一位岑先生，因擔心自己家的都更基地未來可能也出現有所謂「釘子戶」的情形，因此當初在簽訂都更合約時，與建商特別在合約中「現有房地的騰空點交」約定一項：「本更新案全部房屋所有權人均同意拆除時，由乙方書面通知甲方，甲方應於該書面送達後二個月內將土地及建物騰空點交予乙方。」果不其然，後來基地內真的發生有不同意戶拒絕搬遷，建商開始執行拆遷基地內的建物，拆到最後，僅剩下不同意戶以及岑先生的房屋。

無論是建商代拆或政府代拆，皆須耗費相當長的時間，甚至如果不同意戶還住在裡面，若非由政府依法強制代拆，而是由建商自行執行，就可能衍生很大的違法爭議。日前發生的「長安西路」都更「偷拆」乙案，即為著名的例子。也因此，許多同意戶對於「現有房地騰空點交」一事，也是戰戰兢兢，擔心一旦搬出去就搬不回來了。

法令對「現有房地騰空點交」有相關規定

依據「都市更新權利變換實施辦法」規定：「權利變換範圍內應行拆除遷移之土地改良物，實施者應於權利變換核定發布日起十日內，通知所有權人、管理人或使用人預定公告拆遷日。前項權利變換計畫公告期滿至預定公告拆遷日，不得少於二個月。」換言之，如果合約內對於「現有房地騰空點交」不作特別約定，參照現有法令規定，仍然也有可資依憑的條文。

面對「釘子戶」的搬遷時間點

不少地主因為擔心都更基地內有所謂「釘子戶」的情形，因此和建商約定所謂「最後搬遷條款」。簡言之，就是建商必須取得全部地上物所有權人同意，或者基地內全部地上物的拆遷確定不成問題時，建商才能通知地主騰空點交現有房地。多數建商其實都希望整合到百分之百同意才開始執行，因此也多半會同意此類特約條款，不過有時候還是難免會出現有地主拒不搬遷的情形，所以部分建商可能還是希望能在執行上保留一點彈性。畢竟地主一旦騰空點交現有房地，建商依雙方合約就要按月支付房租給地主，大概也不太會在完全沒把握的情況下就通知地主搬遷。因此，地主或許還是可以容留一些提早搬遷的餘地，俾使都更基地上的地上物終能全部拆遷完成。

少數建商基於執行策略考量，可能會希望地主提早搬遷，但若是在整合土地還不是十分成熟的時間點，仍可能發生狀況，例如在地主整合方面發現意料之外的困難、過程中適逢法令或政策變更等。地主如果太早搬遷的話，也意味著提早承擔風險，因此合約如果僅約定「於建商通知日起一定時限內，地主就必須進行搬遷」的話，對於地主而言比較沒有保障。

台北市汀州路上有一都更案不同意戶，宣稱住家地處「龍脳」而不願拆遷，最後經實施者依都更條例第三十六條自行執行強制拆除。

如果不同意戶還住在裡面，而由建商自行執行代拆，就可能衍生很大的爭議，圖為「長安西路都更案」。

14 基地範圍變大兩倍？

◎鄰地協調後，預計建造樓層增加

某家知名建商來到新北市新店區一個社區辦都更，原本告知住戶約要蓋十六層樓高的鋼筋混凝土大樓，後來建商依都更法令規定辦理「鄰地協調」時，鄰地所有權人也想參加都更，由於鄰地和原本社區的基地差不多大，建商重新規劃設計的結果，建築基地幾乎變成原來的兩倍，預計興建十六層樓的大樓變成二十五層樓高，鋼筋混凝土結構也因應樓高改成鋼骨構造。

社區住戶對於計畫一下子從十六層樓改成二十五層樓的大樓很不能接受，認為戶數增加幾乎兩倍，讓原本較單純的社區變得複雜許多，而且很多住戶不想住那麼高樓層的大樓。建商則強調基地面積增加，不僅大家室內分得的坪數可因為獎勵增加而多個幾坪，而且有更多空間可以配置公共設施，營造高品質的住居生活環境。

◎合約允許建商調整基地大小，樓層等皆依建商為準

不過社區住戶並不買單，想要向建商解除契約並撤銷已簽署的同意書；然而住戶拿出合約書一看，上面卻記載：「本都市更新合建案基地共包括……等二十二筆

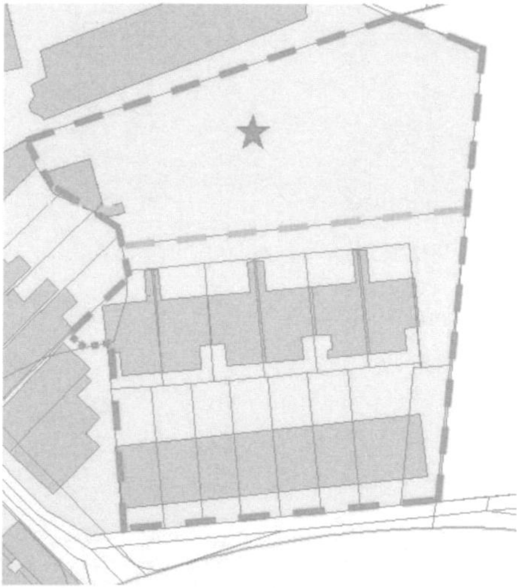

圖中的星號土地是鄰地，下方是原社區土地。原本社區的更新基地若納入鄰地，將變成快兩倍大。

土地。如因開發之需增加、減少或分割上開地號土地，則其增加、剩餘或分割後之地號土地亦可列入可開發基地範圍。」「本都市更新合建案基地以上述為開發範圍，惟甲方應同意乙方得依鄰地開發意願，合併或增減本基地開發範圍。」合約約明可讓建商任意調整基地範圍。

雖然如此，住戶還是指著契約上所載「預計興建十六層、地下三層之鋼筋混凝土大樓」，主張建商違約，但建商則說契約記載的是「十六層（含）以上、地下三層（含）以上」，且後面還有寫「建材與設備、實際設計樓層依都市更新事業計畫及建造執照核准者為準」，所以其並沒有違約。

社區住戶執意解約並發函撤銷都市更新事業計畫同意書，建商則認為住戶解約並不合法，並以住戶任意撤銷同意書，嚴重影響都更案的報核，將依約向撤簽的住戶請求損害賠償。

合約宜約定變更基地範圍的處理方式

各地方政府在處理自行劃定都市更新單元申請的案件時，為免影響鄰地更新權益，倘鄰地建築達一定年限或土地面積未達一定規模者，通常會要求辦理「鄰地協調程序」，此時基地範圍就有增減的可能。

一旦調整基地範圍，原先基地的規劃及建築的設計內容可能都必須改變，倘若改變幅度過大，就可能會影響地主的權益，因此有需要在簽約時就明文約定，事後若要變更基地範圍，該如何處理。

實際上就一般而言，建方也不希望任意增減基地面積，然而有時候「計畫趕不上變化」，為求契約合理公平，並避免地主不理性的反對情況，如需整合的地主較多、不強求特定戶別或原非屬一樓的地主，建議可採取比較寬鬆且合理的約定處理方式（參見本書第三章單元一）。

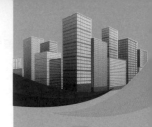

15 誰來負擔營業稅？

台北市信義區有一個合建案，建商與地主萬先生在交屋時因為三百多萬元的營業稅爭議，官司一打打了八年之久，而這八年間，萬先生因為與建商的交屋找補價金協議尚未辦理完成，因此信託銀行不願將土地部分的所有權移轉登記給地主。

雙方的合建契約對於營業稅由何方負擔，是這樣約定的：「本合建土地及房屋，就甲乙雙方有關房地互易所應負擔之稅捐及所應開立予對方之單據或憑證，均依政府法令規定各自照辦，同時甲乙雙方約定本合建土地及房屋互易之價值依稅法之相關規定辦理，雙方並依稅法開具等值相關憑證交付雙方各自收執。」

建商主張依照財政部七十五年三月一日以台財稅字第七五五〇一二二二號函，房屋價款之發票，應外加五%營業稅，向買受人（土地所有人）收取，因此萬先生應負擔移轉房屋所生的營業稅。一、二審法院就此駁斥：「因出售土地免開發票，且二聯式發票（買受人非營業人）不採稅額『外加』方式，又營業稅已改採『內含』，前開函釋易滋生爭議，故財政部於八十一年加以修訂，刪除該函說明『向買受人……收取』等字樣。」

法院另指出：「於營業稅改為『內含』後，地主與建商合建房屋，地主僅須依合建契約支付取得房屋所有權的對價，並無於支付定價之義務外，另給付營業稅予建商之義務。本件合建契約僅約定地主應提供土地予建商興建大樓，並未約定地主尚應給付取得興建完成後房屋所有權之營業稅，足見地主依該合建契約所應支付之定價，僅為移轉土地所有權予建商，其應負擔之營業稅，亦包含在此定價之內。」

案經上訴至最高法院，最高法院將原判決廢棄，發回二審法院更審，理由為：「依營業稅法規定，營業人固為營業稅之納稅義務人，但其銷售稅額則由營業人於銷售時『收取之』，依此規定，建商是否不得向地主『收取』銷項稅額，即非無疑。」

更一審法院則引用大法官釋字第六八八號解釋理由書的意旨：「依營業稅之制度精

神，營業稅係對買受貨物或勞務之人，藉由消費所表彰之租稅負擔能力課徵之稅捐，稽徵技術上雖以營業人為納稅義務人，但經由後續之交易轉嫁於最終之買受人，亦即由消費者負擔。」因而認為「建商於換出房屋時開立發票所加計的五%營業稅，應向地主收取，地主多選部分，其性質屬買賣，建商亦應向地主收取五%的營業稅」。

案再經上訴最高法院，最高法院又將原判決廢棄，發回二審法院更審，理由為：「原審既認雙方合建房屋屬互易性質，卻又遽謂多選部分之

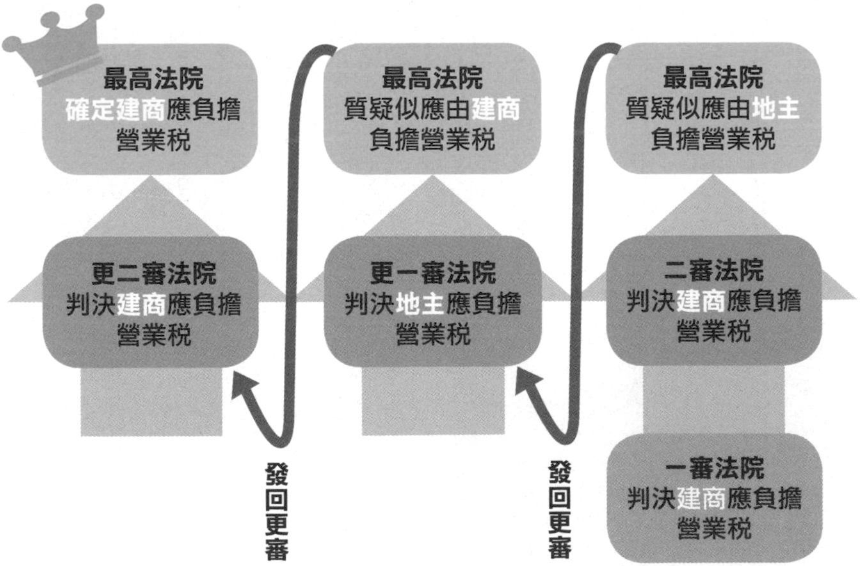
最高法院
質疑似應由地主
負擔營業稅
二審法院
判決建商應負擔
營業稅
一審法院
判決建商應負擔
營業稅
發回更審
最高法院
質疑似應由建商
負擔營業稅
更一審法院
判決地主應負擔
營業稅
發回更審
最高法院
確定建商應負擔
營業稅
更二審法院
判決建商應負擔
營業稅

房屋為買賣性質，應併計為地主應計算之營業稅額，自有可議。」

最後，更二審法院再次判決地主勝訴，理由為：「兩造均不爭執合建契約為互易契約，依七十七年修正公布之營業稅法將營業稅改為『內含型』，而本件合建契約既於九十三年訂立，則在兩造訂立合建之條件時，即已包含營業稅在內，該營業稅自應為內含而由納稅義務人即建商繳納。」這一次的判決，終於被最高法院維持，駁回建商的上訴確定。

小叮嚀

營業稅應約明由何人負擔

沒想到小小的營業稅惹出這麼大的風波。官司上上下下打了八年，這八年地主都未能取得完整的產權，只因當初合建契約的約定不清不楚。實務上很多合建契約就營業稅的約定都如同本案例；司法裁判就營業稅由何人負擔的爭議案例，亦俯拾即是。前開的約定文字太常被使用，造成這類爭議屢見不鮮，不禁令人懷疑建商是不是刻意不願在這個地方講清楚。

營業稅就理論上來說，應由地主負擔。例如營建成本，原本就是由地主土地所生的建坪折價抵付，算入合建分配比例由地主負擔，營業稅自然也是建商營建本案的成本之一。所以關鍵是當初在協議合建分配比例時，營業稅究竟有沒有被納入計算。

如果是都市更新的「權利變換」，營業稅會被列舉為地主應「共同負擔」的項目，因此當然會被用更新後的房地來折價抵付。然而一般民間地主與建商合建，少有將成本項目一個一個拿出來檢討，用以計算合建比。所以到底營業稅有沒有被納入合建比例考量，實在不得而知。不過從眾多稅費負擔均另外納入一條特別規範來看，建商所稱營業稅未納入合建分配比考量，也不是沒有道理。

總而言之，如果在簽約時不約定清楚，就是各說各話。上了法院，也全憑個人造化。法院會怎麼判，觀之諸多的判決見解，只能說地主勝訴的比例多一些，但不見得一定會贏，也不見得贏得輕鬆。因此，地主在簽訂合建契約時，請務必注意有關營業稅的約定，不要再使用本案例所用的文字，建議可參照本書第三章單元十七第十九條第十三項的文字，約定清楚由何人負擔。

16 地主違約要罰，建商違約卻無法可管？

◎即使原先約定可分到原位，仍須參加抽籤

台北市中正區有一位張小姐與建商簽了都更合約，因為張小姐更新前的住家位在一樓，因此和建商約定更新後得優先依原位置選配一樓的店面。到了權利變換選配房屋的當天，張小姐發現更新範圍內有一位擁有透天建物的呂姓地主，一樓登記的所有權人為他自己，二、三樓則分別登記他太太及兒子的名字。呂先生自己選了一間店面，但是他的太太及兒子也合併選配了一間店面，而那間店面正相當於張小姐的原位。張小姐主張依合約約

定，她有優先選配的權利，然而建商卻要求張小姐與呂太太一起抽籤，由中籤者分配，張小姐無奈，當場只得配合，結果並沒有中籤，因此由呂太太和其兒子分配到該間店面。

◎撤銷同意書、不參與土地信託卻違約

張小姐後來愈想愈不甘心，於是向台北市都更處發函，要撤銷自己簽的都更事業計畫同意書，但因為同意比例已達九成，沒有因為張小姐撤銷同意書而影響都更事業計畫及權利變換計畫的進行。其後，建商依據雙方合約，通知張小姐於一定期限前出面辦理土地信託，張小姐當然不願配合，於是建商就以張小姐違反雙方合約有關信託管理及甲方應配合事項的約定，主張張小姐「違約」，並發函要求張小姐依雙方合約「違約罰則」的約定，按日給付新台幣五萬元的「懲罰性違約金」予建商。

張小姐收到建商的函文，想說明明就是建商違約，竟然惡人先告狀！趕緊找出合約，認為應該是建商支付違約金給自己；然而翻開合約一看，關於地主的違約罰則卻約定：「因可歸責於甲方之事由致甲方未依約履行本約約定各項甲方之義務時，乙方應以書面催

告，經送達七日甲方仍未履行，甲方應按日給付新台幣五萬元之懲罰性違約金。」但是關於建商的違約罰則，僅有「因可歸責於乙方之事由致本案完工日遲於第九條交屋期限之約定，或乙方無故停工達三十日或累積停工達六十日，甲方應書面催告乙方限期完成，乙方並應按日給付未完工程法定工程造價一‰之懲罰性違約金。」

換言之，建商違約，只有逾期完工或停工才有處罰；地主違約，卻是違反合約中任何一條的規定皆有處罰！竟然會有這種「不平等條約」？

小叮嚀

實際上，本案例的合約文字出自於新北市政府頒布的「新北市都市更新契約注意事項」，該注意事項提供的範例文字其實有頗多可取之處，因此為本書所參考採用。但也有一些條文寫得並不十分理想，尤其是「違約罰則」，乙方違約的情況只考慮到工程進度的延誤，忽略合約中關於乙方的各項履行義務實不一而足，並非只有「如期完工」的義務與責任而已。

違約罰則應約束地主也規範建商，並實際可行

違約罰則的約定應公平、合理，不宜僅規範一方；有的地主只許建商有違約處罰，自己違約就不用受罰，亦未盡妥適。另如果約定處罰的數額過鉅，不僅不切實際，上了法院勢必遭法官依法酌減，反而不見得能夠達到威嚇效果，建議相當、適中即可，且計算的方式不宜繁複或難以計算。

應注意有些違約罰則，空有約定，但未必切實可行。例如曾經看過有一份合約約定：「乙方如未能依本契約與建完成交屋，乙方除同意交由信託銀行續建完成，並同意給予甲方二十坪之房屋面積作為懲罰性賠償。」如果工程到了必須要由信託銀行進行續建處理的情況，建商勢必是財務發生問題或已瀕臨倒閉，怎麼還有「二十坪房屋」可賠呢？

此外，常常看到合約約定如乙方違約或連續無故停工達若干個月以上，經甲方催告數日後仍未改善或復工者，「甲方得終止契約」，其對乙方的違約處罰則為「已營建之地上物歸

甲方所有」。但是仔細想想，豈有可能乙方違反合約任一條約定，「已營建之地上物」就可「歸甲方所有」？而且就算因為乙方無法繼續施作下去，甲方不得不終止合約，但已施工到一半的建物有可能只由該名地主收回？當然是不太可能。而且這時候如果不能夠啟動續建機制，那麼即使全部地主取得了地上物的所有權，也勢必難以繼續蓋下去。所以這樣的約定，實際上也不算是對於建商的違約「處罰」。

17 建商灌公設，找補竟要上千萬！

王小姐在新店的老家，十多年前建商來談合建，雙方簽訂合建契約，合約中僅約定分配坪數，沒約定「公設比」，如果選配坪數與約定坪數有差額，由雙方協商找補金額。建商還說選配不同的樓層可不計價差，不過並沒有載明在合約內。

選屋後，王小姐又與建商簽訂一紙選屋協議，裡頭有約定找補金額，店面一坪為一百一十萬元、住家一坪為四十五萬元。建商預售房屋時，王小姐有拿到建商對外銷售的合約，上面記載公設比為二十九％。

本合建案的建照原本是以二十六筆土地申請，但中間經歷一番法令解釋疑義的波折，有幾位地主因故退出，建商又想沿用舊建照申請時的法規優惠，因此便以「舊案續審」的方式申領到建造執照。其後動工興建到六層樓時，因建照遭退出的幾名地主提告，而被行政法院撤銷，工程停工了好一段時間，解決爭議之後再繼續興建，終於進展到完工交屋階段。從動工到完工，前前後後耗費將近七年光陰。

◎找補金額大增，源於增加的公設

完工後，王小姐收到建商的交屋通知單，原本是滿心歡喜，但一看到通知單後附的找補金額列表，差點沒有昏倒，找補金額竟然要上千萬！其中最大筆的是「地政登記權狀坪數」找補金額，如果是室內坪數增加當然很好，但王小姐發現專有部分面積根本沒有增加，權狀坪數增加的都是屬於公設的面積，「公設比」從原本預售時的二十九%，暴增到三十五%，可見建商在產權登記時灌進了很多公設面積。

另一個大項是「樓層價差」找補金額，由於當初沒有白紙黑字寫在合約內，建商當然是將選屋樓層差價列入找補。而且不知是否因為工程拖了很長的時間，建商為彌補虧損，居然連原本依合約要由建商負擔的合建信託費都列出，要向地主請求。此部分經王小姐拿出合約抗議後，建商自知理虧，就將其剔除。此外，王小姐也不明白，為何建商要支付給稅捐單位的營業稅也要地主負擔。

王小姐擔心如果不支付找補金，信託機構塗銷信託後將產權登記給建商，建商就會以產權為要脅，不登記給地主，這樣就要擔心房地隨時可能會被建商賣掉或被其債權人查封，於是王小姐趕緊發了一封信函給信託機構，要求信託機構暫緩塗銷信託。信託機構為免發生爭議，答應暫緩塗銷，但要求王小姐要負擔後續的信託保管費用。

小叮嚀

公設比、找補相關規定等皆應寫在合約裡

合建契約往往涉及到上百、上千萬元價額的產權，為免約定不清楚發生爭議，以致日後蒙受鉅額的損失，建議務必先請律師協助審閱。

一般俗稱的「公設比」，也就是權狀上登記共有部分占全部登記面積的比例，合約中最好事先約明，以免發生本案例遭灌公設面積的情事。合約中也應約定產權登記時如果有誤差應如何處理，例如找補的計算基準、上限，以及區別主建物、附屬建物及共有部分的找補金額等。

選屋的找補方式與金額最好先約定清楚，不建議僅約定以「協商」方式處理，否則萬一未來雙方協商不成該怎麼辦？即使上法院，因為雙方未寫清楚該以何種基準或價格找補，法院也很難判斷。

凡事有「白紙黑字」才算數，任何承諾或協議均應明文記載在書面上，一旦有一方不認帳，另一方才有憑證可以主張。

營業稅的負擔方式或分擔比例也須事前約定

營業稅為建商合建的成本，要地主負擔不是不合理，只是問題在於其到底有沒有算進建商的成本、並反映在雙方約定的合建比例當中。如果沒有在合約中講清楚，就很難明瞭與區分。若是沒寫清楚，司法實務對於究竟是由建商還是地主負擔，也有不同見解，建議營業稅由何人負擔應事先在合約中約明。

注意建商罰則中的免責事項

合約通常會約定建商如逾期完工，應依合約所定標準計算給付懲罰性違約金，但要注意「除外事項」，也就是建商可「免責」事由的約定。案例中的約定並不明確，有可能會遭建商解釋為包含「其他未參與本案之地主所衍生產權糾紛」的情事。

最後，信託契約有關未來完工後地主應分配房地的產權登記，最好約定直接由信託機構移轉給地主，不要再透過建商轉手，以免產權登記發生問題。

18 合約沒退場機制，成萬年合約！

台北市中正區有一位楊先生，一年多前和建商簽了都更合建契約，簽約時建商告訴他約五年內會完成都更事業計畫的核定，合約中並約明五年內若沒有完成事業計畫核定，地主可以解除契約。轉眼間四年過去了，案子沒消沒息，據說是靠大馬路的那排店面整合不順，楊先生想說既然這家建商不中用，或許換另一家建商會比較有希望，於是準備與建商解約。

◎送件後才起算五年

楊先生找到了當年簽的有關條文，仔細一看，才發現根本無法讓他「退場」。合約條文寫的是：「雙方同意本案都市更新範圍內九十％以上（含九十％）所有權人完成簽定本契約及都市更新事業計畫同意書，並自都市更新事業計畫送件申請日起算五年內需完成都市更新事業計畫核定，否則甲方得解除契約。」也就是說，建商所說的「五年」，是從「都市更新事業計畫送件申請日起算」；如果建商一直整合不到符合法定報核門檻的所有權人簽署同意書，或者建商一直沒有將事業計畫送件申請報核，「五年」就根本不會起算，楊先生也無從解約「退場」。楊先生得知後，氣得對建商提告詐欺，但檢察官則認為是楊先生自己沒有把合約條文看清楚，因此對建商作出不起訴處分。

◎只有建商有解除契約的權利

類似的情況也發生在大同區一個都更案。建商當初說好在民國一百年年底可以申請都市更新事業計畫及權利變換計畫報核，到了一〇二年卻連個影子都沒有。李先生拿出合約來看，沒想到合約是寫：「若有下列情形時，乙方得解除本契約……二、民國一百年十二月三十一日之前，乙方未能向台北市都市更新主管機關申請都市更新事業計畫及權利變換計畫報核時。」換言之，只有建商（合約乙方）可以解除契約，地主（合約甲方）卻沒有解約權。

◎超出契約效力年限且工程進度落後才能解約

另一個靠近台北車站的都更基地，有一位汪姓地主與建商簽約，要求建商應在簽約日起三年內完成都更事業計畫的核定程序，並在合約中載明。建商報核都更事業計畫後，因為在廢巷上遇到困難，因此遲遲未能進入審議會審議。三年一到，汪先生即發函建商解除契約，不過據他所知，都更基地內其他地主與建商簽的合約沒有「退場機制」條款。

不久後，汪先生收到建商的來函，辯稱汪先生的解約並不合法，因為雙方合約的「退場」條款是約定：「雙方同意自簽定本契約起三年，如本案都市更新事業計畫未能完成核定，及於本契約簽定日起十年，本案工程與建進度未達五十%樓地板面積時，則任一方得無條件終止本契約。」建商據此主張合約是約定兩個條件都要符合，才能夠終止契約。汪先生十分不服氣，反駁建商解約的條件是「二者擇一」，不可能是「二者兼備」，否則何必要約定前者？因為如果是後者也要具備的話，其實可以只約定後者就能夠涵蓋前者了。雙方因此僵持不下。

小叮嚀

注意解約條件及誰有權解約

所謂「退場」，就是在符合一定條件或情事下，可以「解除」或「終止」契約。通常因為簽約後發生某種阻礙，或者契約在履行上遲遲沒有進度，因此要賦予簽約者可以選擇「退場」的權利，以解消雙方的法律關係。

合約一定要約定「退場機制」，否則可能就會成為「萬年合約」。退場的條件或情形，地主也一定要看清楚，如果模稜兩可或語意不明，則可能根本沒辦法退場。而且千萬要搞清楚誰可以發動，注意是否只有一方可主張退場。

此外，「退場」機制也不宜約定得太嚴苛，例如一般都更整合至少要三至五年，長者可能達十年；都更相關計畫的行政程序，自報核日起至核定日止，也通常需要一至三年的期間。因此如果地主約定可以退場的期間太過短暫，實際上可能並不合理、公平。

注意退場後如何處理公法法律關係

都更合建契約與傳統合建契約有一個很不一樣的地方，就是合約雙方在選擇退場之際，除了雙方間的「私法」契約關係要「斬斷」之外，另外可能還與公部門存在著「公法」的法律關係需要解決。例如因為都市更新事業計畫遲遲未能完成核定，地主想選擇退場，並不是解除雙方合約就沒事了；地主先前簽署的事業計畫同意書，並不會因為與建商「私法」關係的解除而失效；換言之，事業計畫同意書的「公法」效力可能還存在著。因此一個「有效」的退場機制條款，除了退場的條件或情形要約定清楚之外，還有合約關係消滅後，可能存在的問題及其他法律關係如何處理，也應一併約定清楚。就此可參考本書所附合約範本第二十一條第三項的條文約定。

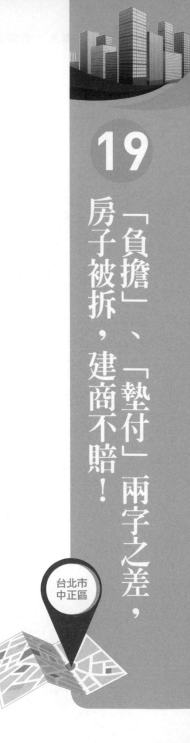

19 「負擔」、「墊付」兩字之差，房子被拆，建商不賠！

老夏在台北市中正區精華地段的公有土地上有一間房子，住了四十多年，建商在公有土地旁有一小塊私有地，想利用都更條例「公有土地應一律參加都市更新」的規定，將公有地劃入自己的都更基地範圍，納為己用。民國九十五年間，建商來找老夏談都更，說老夏在公有土地上的舊違建可以申請容積獎勵，都更後老夏可以分到一間快三十坪的房子，雙方因此簽署了「都市更新協議書」。

不久之後，政府也想要在這個地區推動「公辦都更」，想打造其成為「台北華爾街」，更列入「四大金磚計畫」之一。於是公有土地管理機關開始向土地的占用戶追討土地及不當得利，分別對房屋的所有人及占有人提起拆屋還地及返還不當得利訴訟，老夏一家七口都成了被告之一。

在此期間，建商不願自己都更的如意算盤被政府的「公辦都更」計畫打碎，不斷鼓吹居民：「不要與政府和解、不要返還土地給政府，因為若是交由建商來辦都更，屋主還可分回一間房屋，但與政府和解，就什麼都沒有。」為了讓老夏安心，建商和老夏特別在合約中加上一條：「若甲方（屋主）與公有土地管理機關之訴訟事宜，未能達成和解，而進入訴訟階段，乙方（建商）同意訴訟時之相關費用皆由甲方墊付。經訴訟判決確定甲方敗訴，則甲方應負擔之不當得利及相關訴訟費用皆由乙方負擔。」老夏於是放心地任由公有土管理機關提告，也沒有聘請律師出庭答辯。

其後，公有土地管理機關提告的拆屋還地及不當得利訴訟勝訴確定，建商仍沒有放棄都更計畫，為了讓老夏放心，又和老夏簽訂了一張補充協議，約定：「甲方與公有土地管理機關之民事訴訟，已經法院判決敗訴確定，甲方尚對公有土地管理機關負擔二百六十萬元之不當得利給付義務及至返還土地止按日給付一千四百元，乙方同意繼續為甲方墊付款項。」因建商再三承諾，老夏才放心繼續參加抗爭。

民國一〇二年，司法機關開始執行強制拆除房屋，政府也一再宣示推動「公辦都更」的決心，建商見大勢已去，便消失無蹤、避不見面。老夏房子不但被拆，又被追討本金連同至拆除返還為止共六百二十五萬元的不當得利，老夏一家七口不堪存摺帳戶、薪資都被查封，於是趕緊向親朋好友籌錢繳付，另外對於建商失信又不聞不問十分生氣，於是到法院對建商提告，請求依據雙方合約約定支付該筆六百二十五萬元的金額。

雙方對簿公堂，老夏要求建商依約負擔其依照判決應負擔的不當得利，但建商卻辯稱雖然合約中有「皆由乙方負擔」字樣，但其意是「墊付」，此由合約中已明文約定「皆由甲方墊付」，及其後雙方簽訂的補充協議亦明言「乙方同意繼續為甲方墊付款項」可資佐證，因此老夏既已支付該筆款項，就沒有建商還要「墊付」的問題。

最後法院判決老夏敗訴，理由為：參照教育部重編國語辭典修訂本網頁之字詞解釋，「墊付」一詞是指「代為暫付款項」之意，並附有例句為「我忘了帶錢，請先幫我墊付」可查，探究其詞義，實有受他人墊付者應負最終清償責任之意。因此即令建商依雙方協議書須支付不當得利，亦僅是代替老夏先為支付，終局須承擔前開不當得利者仍為老夏。

小叮嚀

本案如果當初合約文字只寫到「負擔」，沒有出現「墊付」兩字，相信結果會完全不一樣，可謂「兩字之差，差之千里」。一般老百姓對於法律用語不一定能夠完全明瞭，但用錯法律文字，可能會使整個法律效果大不相同，建議簽訂任何合約之前，最好還是先給專業的律師審閱過，以免誤觸法律文字陷阱。

土地上存有舊違章建築物，都更相關法令確實有給予一定的容積獎勵，讓實施者得以提供安置或補償措施予現占用戶，以使都市更新事業更加圓滿，並兼顧人權保障。「民辦都更」一般都會爭取此等獎勵，讓現占用戶能夠順利搬遷他處，但「公辦都更」卻往往因為公務員害怕擔負「圖利」罪名，而不敢依法申請容積獎勵並與占用戶協調，反而直接到法院提告拆屋還地及返還不當得利。占用戶面臨這類的訴訟，因為不是土地所有權人，所以勝訴的機率極低，應該如何面對處理，實不可不慎！

強拆暴政
罰款殺人
不要金磚
只要家
強拆暴政
不要金磚
只要家

列入「四大金磚計畫」的公辦都更案，在公地管理機關開始向占用戶提起訴訟後，引發社會很大的抗爭。（拍攝人：江西華）

20 存證信函寫錯對方名字，解約竟不合法?!

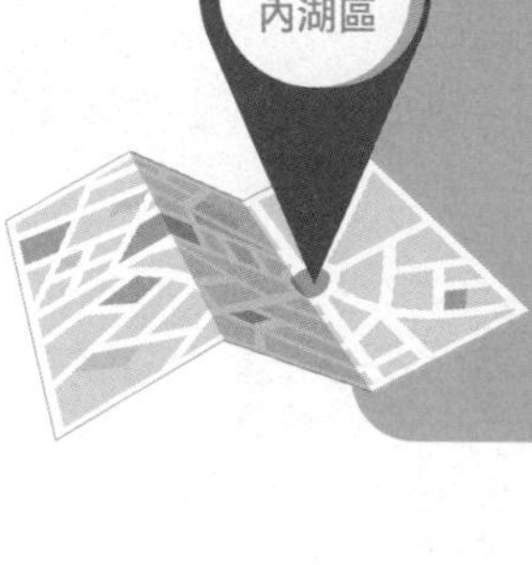

李小姐在台北市內湖區買了一間預售屋，買賣契約中約定建商應於九十七年七月三十一日前「申請」使用執照。其後，建商雖然於九十七年六月五日前提出使用執照申請，但因銷售建案涉有違反基地土地使用分區用途管制及公平交易法的規定，一直到九十八年七月二十九日才取得使用執照。李小姐在九十八年八月十一日發函給建商，主張撤銷及解除買賣契約，並請求返還已繳的買賣價金及違約金，建商則不予置理，李小姐乃向民事法院提起給付訴訟。

在法庭上，建商主張合約是約定使用執照的「申請」期限，不是「取得」期限，因此既然建商在九十七年七月三十一日前即已提出使用執照「申請」，就沒有違反雙方合約約定。縱使合約應包含使用執照「取得」的最長期限規定，但因雙方並未於簽約時約明，故應按使用執照所載規定竣工期限計算取得使用執照期限，加計行政機關作業時間二十天，建商只需於九十九年十月二十九日前取得即可。

法院就此則認為，建商關於應在九十七年七月三十一日前「申請」使用執照的約定，因違反主管機關公告的「預售屋買賣定型化契約應記載事項」中「應於特定日期前『取得』使用執照」規定，依據消費者保護法及施行細則規定為無效，且因「取得」使用執照期限未經記載於定型化契約，但該等應記載事項仍構成契約之內容。參酌使用執照一般處理時限為二十日，如以工作天二十天計算約為日曆天的一個月，因此認為建商依約必須於「申請」後加計一個月後之九十七年八月三十一日，為「取得」使用執照的期限。

然而，依照雙方買賣契約約定，李小姐必須先催告建商於相當期間改善，始得解除契約。觀之李小姐在九十八年八月十一日發給建商的函文，並未載明「催告限期履行」的意思，且該函記載的收件人「××有限公司」少了「股份」兩字，因此並不是被告建商，因而李小姐不能取得解除契約的權利，判決李小姐敗訴。

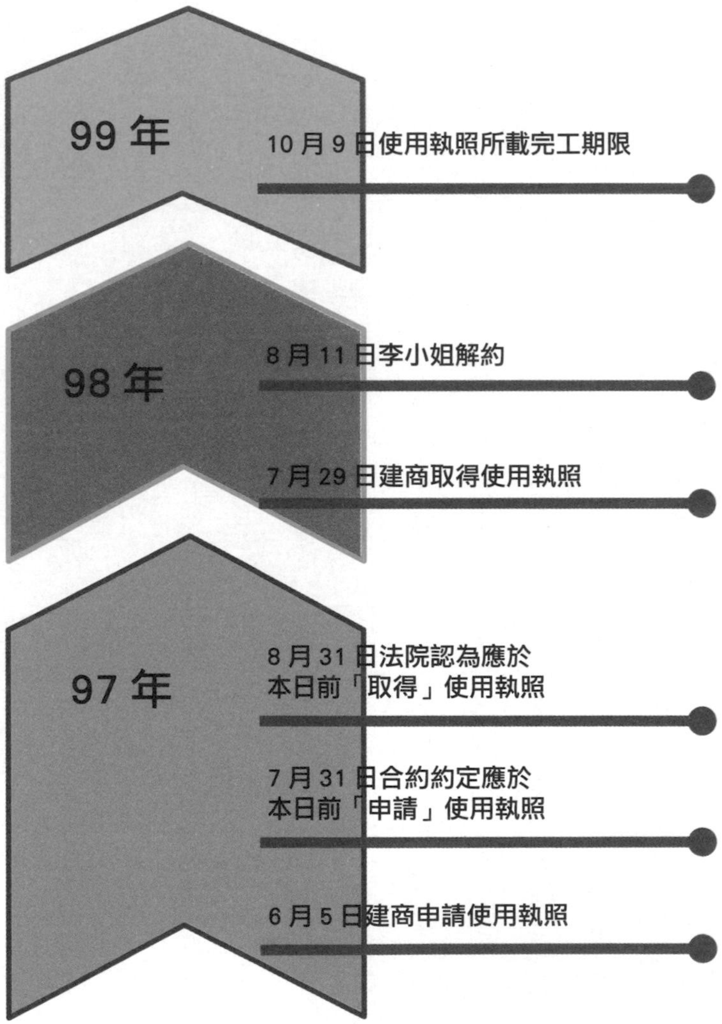
99 年
10 月 9 日使用執照所載完工期限
98 年
8 月 11 日李小姐解約
7 月 29 日建商取得使用執照
97 年
8 月 31 日法院認為應於
本日前「取得」使用執照
7 月 31 日合約約定應於
本日前「申請」使用執照
6 月 5 日建商申請使用執照

合建契約不適用「預售屋買賣定型化契約應記載事項」

本案例是發生在預售屋買賣的情況，如果地主和建商簽訂的是合建契約，合約中如果僅約定「申請」使用執照的期限，而沒有「取得」使用執照的期限，就無法適用主管機關公告的「預售屋買賣定型化契約應記載事項」，因此在合建契約中請務必注意相關時限的約定是否合理、正確。

依民法第二百五十四條規定，債務人遲延給付時，必須經債權人定相當期限催告其履行，而債務人於期限內仍不履行時，債權人始得解除契約。是以除非雙方於合約中有明文約定得不經催告即可逕行解除契約的事由，否則如果因為一方違約而他方欲解除契約時，請務必於解約前先發函對方表示「催告限期履行或改善，如不改善，則解除契約」，並於其後再發一次函解除契約，否則日後可能辛辛苦苦在法庭上說服法官解約的情事符合，卻僅因為解約前未踐行催告程序而被認為解約不合法，功虧一簣。

依照最高法院見解，請求履行給付的催告應定相當期限，如未定期限，難謂與解約要件相符。此外，催告及解約均建議用存證信函的方式發文，以免日後舉證不易，且對方的姓名和地址務必記載正確，千萬不要發生像本案例的烏龍情況！

PART 3

都更 × 合建
20 條契約條文解碼

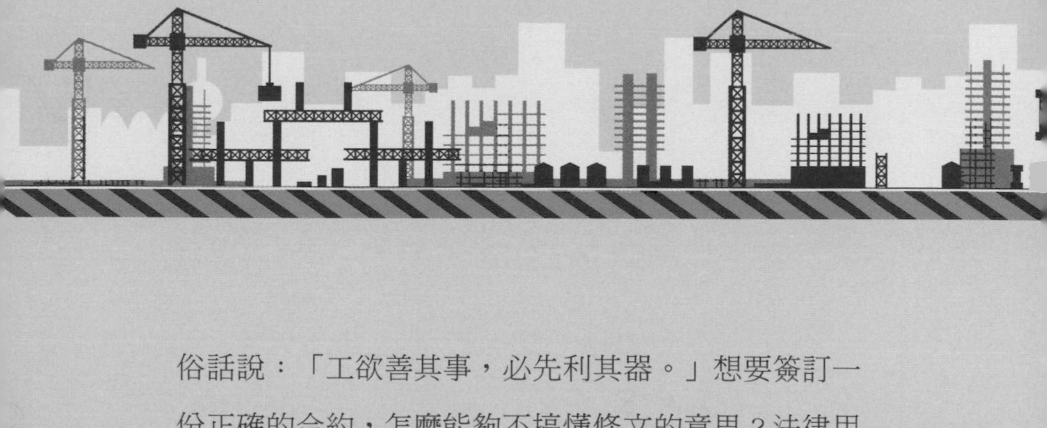

俗話說：「工欲善其事，必先利其器。」想要簽訂一份正確的合約，怎麼能夠不搞懂條文的意思？法律用語「失之毫釐，差之千里」，本章徹底解碼二十條最關鍵的合約條文。

都市更新合建契約體系

- 一、更新標的
- 二、實施方式與建築規劃
  - （一）實施方式
  - （二）建築規劃（地主參與權限、變更設計之處理）
- 三、分配約定
  - （一）分配比例
  - （二）分配及找補方式
  - （三）選屋原則
  - （四）補貼
- 四、契約之確保

- （一）保證金
- （二）信託管理

五、雙方權利義務

- （一）地主方：
  - 1. 程序所需文書提供及用印配合
  - 2. 應繳款項之收繳
  - 3. 產權保證
  - 4. 房地點交
  - 5. 設計變更
- （二）實施者方：
  - 1. 工程施作
  - 2. 工程期限

六、產權登記

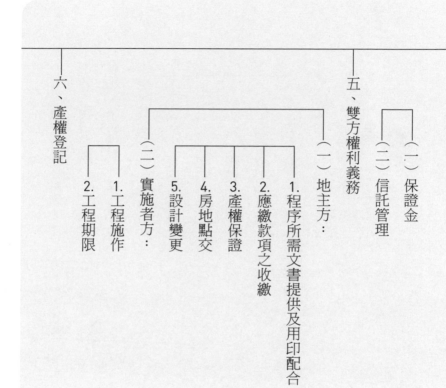

七、驗收交屋、保固

八、稅費負擔

九、違約罰則、解除契約

十、其他

（一）補貼不重複

（二）契約轉讓

（三）擇優條款

（四）效力約定

（五）附件效力、送達、管轄法院

都市更新合建的優勢

傳統合建	都市更新
無都更容積獎勵。	都更容積獎勵使四層樓以上地主較有重建機會。
可能需支付相當成本處理畸零土地問題，壓縮合建分配比例。	畸零地價值得經由權利變換估價為合理計算，並強制參與更新。
難以處理無任何道理抵制的「釘子戶」或藉機勒索的「土開流氓」。	強拆條款得有機會處理無理抵制者。
資訊不公開。	資訊公開、透明，地主可獲得較多及確實的資訊。
分配條件依地主協商能力而定。	分配條件依地主協商能力而定，「擇優條款」可使政府權利變換審議結果成為雙方最低分配條件，等同政府協助把關合建條件。
建商財務風險僅仰賴信託機制及民事訴訟救濟。	除信託機制外，政府依據都更條例第五十六條負最終責任。

01 更新標的

第一條：更新標的

陷阱條文

二、契約簽訂後，甲方同意乙方得依鄰地開發意願，無條件合併或增減本基地開發範圍。

建議條文

二、契約簽訂後，除經主管機關審議要求調整更新單元範圍外❶，其餘如有更新單元範圍變動情事，乙方應通知甲方並取得甲方同意❷。

重點 Point

1 如果是主管機關要求，建方可能也很無奈，不過此種情形並不常發生。

2 甲方有知悉且表達不同意的權利！

提醒 Remind

1 土地開發整合並不容易，倘若一開始規劃興建的建築基地範圍遇到整合不順的情況，也就是遇到所謂的「釘子戶」，只能看看有沒有辦法將其排除，因此簽約前講好的基地範圍可能事後會調整。

2 一旦要調整基地範圍，原先基地的規劃及建築的設計內容可能都必須改變，倘若改變幅度過大，就會影響到地主的權益，因此需要在簽約時就明文約定事後若要變更基地範圍該如何處理。

3 一般而言，如果不是整合時面臨很大的困難，建方也不希望任意減少基地面積，而鄰地願意主動來參加，這樣的「好事」大概也不常發生。其次，基地因為整合地主不順而必須切邊、切角者，建方為了有利未來的房屋銷售，當然會請專業的建築師想辦法，規劃出一個最有利於本基地的建築配置及設計方式。因此如果不是一定要選定某間戶別的地主，簽約時或許就不用太在意建商是否納入鄰地或要減少原本建築基地之土地。

4 實務上，確實曾發生將大面積的鄰地納入，造成「主客易位」，致使與地主簽約時認知的建築規劃差異過大（例如第二章單元十四的案例），甚至可能因此減損地主原有的權益，因此建議還是不要約定可「無條件」讓建方任意調整基地範圍。

5 然而，為求契約合理公平，並避免不理性的情況發生，如需整合的地主較多、不強求特定戶別或原非屬一樓的地主，在此建議可採一個比較寬鬆且能合理接受的條文文字：

「契約簽訂後，甲方同意乙方得依鄰地開發意願，合併或增減本基地開發範圍，但乙方依本契約原約定應分配予甲方之房地比例等承諾事項，均不受影響。」

02 實施方式與建築規劃

第二條：實施方式與建築規劃

陷阱條文

一、雙方同意本案依據都市更新條例暨相關法規辦理都市更新事業，由乙方或其關係企業擔任實施者，以權利變換方式實施。

建議條文

一、雙方同意本案依據都市更新條例暨相關法規辦理都市更新事業，由乙方擔任實施者及起造人❶，以權利變換方式實施❷。

重點 Point

1. 搞清楚實施者與起造人是誰！
2. 法律有一定定義。

提醒 Remind

1. 「實施者」在都市更新中是很重要的角色，都更條例中很多規定都要求實施者負起一定的義務，因此實施者可以說是一個都更案的「主導者」，身負案件成敗的重任，所以實施者應有相當的專業及資歷，才能獲得地主的信任。
2. 合約中應該要約明都更的實施者為誰。如果沒有記載由簽約的對象，也就是「乙方」擔任實施者，例如原本是與某間值得信賴的A公司簽約，未來A公司若改讓B公司擔任實施者；B公司資本額也許很小，也許是A公司的關係企業，或與A公司沒關係，甚至是家「一案公司」，但因為沒有約定清楚，因此A公司沒有違約。所以簽約時要注意。

3 後面會有一條約定，約明除非得到地主同意，否則不能任意變更，且其變更應洽請新的實施者繼受合約所約定的權利義務。（參見本章單元二十第三項之說明）

4 起造人一般會約定由實施者擔任，以簡便建照的申請程序，如果約定信託管理，通常會約定得變更名義給受託的金融機構或其配合的建築經理公司。

5 都市更新的實施方式在法律上有明文規定，通常是「以協議合建方式實施」或「以權利變換方式實施」。另外還有部分協議合建、部分權利變換的方式，也就是「以都市更新條例第二十五條之一規定實施」。地主與實施者簽訂「合建契約」，並不一定就等同「以協議合建方式實施」，也有可能是「以權利變換方式實施」，就是一般俗稱「真合建、假權變」的情形。實施方式有法律上的定義，應該事先瞭解清楚，才能知道後續的都更程序如何進行。

陷阱條文

六、本案各項規劃設計、施工、建材及相關執照申請等所有建築相關事宜之擬定、變更，甲方同意授權乙方全權處理。為順利執行本契約，乙方得依實際所需向主管機關變更相關之計畫、規劃設計、執照等內容，如因此影響已分屋之面積及位置，雙方同意依主管機關核定變更內容調整之。

建議條文

六、建築規劃內容如乙方於**簽約後**❶有所調整，乙方應主動告知甲方調整內容，且調整內容**如涉及甲方更新後選配房屋及汽車位價值**❷之調整，乙方應取得甲方同意。如其調整係**為配合主管機關審議要求**❸，甲、乙雙方均須配合，但乙方應補償甲方因此所受之損失。

重點 Point

1 可改成「報核後」。

2 不是所有細節變動都要取得同意。

3 如果是主管機關要求，建方可能也很無奈。

提醒 Remind

1 第二條第五項有規定建方應將規劃內容提供予地主知悉，但俗話說：「計畫往往趕不上變化」，規劃內容常須因應其他地主的整合、景氣動向及主管機關審核，而要適時適度調整，因此宜事先約定規劃內容變更，而與簽約時地主了解或確認內容有所不同，屆時該如何處理。

2 在整合初期就要簽約的地主，那時未必會有較詳細的規劃圖說，建方提供的時間點可能在後，因此「簽約後」的文字可以改成其他時機。

3 地主有時會要求實施者提送主管機關審議的規劃設計內容，均應經其同意，但大型建案若參與整合的地主眾多，可能反而因此延誤時程，尤其出現不理性地拒不同意的狀況時，因此建議比較寬鬆且可合理接受的文字：「於簽訂本約後，乙方有變更建築規劃之內容時，應以不影響甲方權益為原則，如因主管機關審議而影響甲方權益時，應補償甲方因此所受之損失。」如需整合的地主多，不強求特定戶別或原非屬一樓的地主，不妨採用這樣的條文。

4 為求契約合理公平，並避免不理性的情況發生，實不應期待任何些微的調整均須取得地主同意，因此會限制須取得同意的原因及場合。例如建方主動調整，而非為配合主管機關審議要求；僅涉及甲方更新後選配房屋及汽車位價值等。

03 雙方分配比例

第三條：雙方分配比例

建議條文

一、房屋部分：依甲方提供土地之容積占本基地總容積**（以上均含法定及都市更新獎勵容積）**❶乘以本大樓建物所有權狀登記面積總和之○○%，為甲方應分得之房屋面積。

二、汽車停車位部分：依甲方提供土地之容積占本基地總容積（以上均含法定及都市更新獎勵容積）乘以本大樓建造執照核准之汽車停車位數總和**（扣除裝卸停**

車位數）❷之○○%，為甲方應分得之車位數。

重點 Point

1 應注意「容積」所包含的項目。

2 「裝卸停車位」屬新建大樓之公共設施。

提醒 Remind

1 一般地主與建商簽訂的合建契約，通常是採行所謂的「面積主義」，也就是先約定地主可分配的房屋面積。此「面積」可能是以「一坪土地」或以「一坪建物」得換取的更新後可登記產權之建物坪數（含公設）；其可能是約明一定數值，或者不約明一定數值而僅列出計算式。

2 上述「面積」可能是約定直接以「面積」換「面積」，不過一般還是會訂有一定的樓層差價找補，以符公平。現代的新式大樓合建因樓層數較多，且配合權利變換選屋程序，通常會以上述約定的面積做為基數，再以一定的「平均單價」換算地主可選屋的「選屋價值」（簡單來說，就是「籌碼」），接著再以建商提供的改建後各層戶的房屋價格表，為選屋找補的依據。地主「選屋價值」的計算方式通常如下：

甲方提供土地所得分配之建物產權面積×更新後建物標準層（二樓以上樓層）之平均單價＝甲方選屋價值。

一樓店面之計價則可能另以一定倍數計算。

3 約明一定數值的房屋分配約定，通常是如此約定：「雙方同意甲方可分配之房屋產權登記面積（包括主建物、附屬建物及共用部分面積）：共計〇〇坪（不含車位登記面積）。可分配之地下層法定停車位共計〇個。」不過日後若容積獎勵或相關法規有所變動，則可分配的面積及數量仍維持不變，必須由損失的一方自行吸收風險（可能發生如第二章單元六的情況）。

4 地主可分配的房屋面積及車位數量，通常是用下列的計算式算出：

可分配之房屋產權登記面積＝持有之土地面積×法定容積×（1＋獎勵容積）×（1＋免計容積係數）×合建分配比例

可分配之汽車停車位數量＝（個人持有土地面積／本案土地總面積）×更新後停車位總個數×分配比例

汽車停車位數量等號下方的兩個「面積」，可代換為「容積」、「土地價值」或「房地價值」。

5 如果營建及更新成本由地主自行出資支付，民間俗稱為「委建」，可將依建方分配面積比例計算的價額，約定由地主出資並以銀行貸款支付，此類合約應注意的是地主應支付的成本數額，以及辦理融資及撥付的方式。

建議條文

三、若本案將本更新基地範圍內或毗鄰之道路用地列入本更新案，並以捐贈土地方式取得更新獎勵者，因該道路地捐贈所取得**都市更新ΔF4容積獎勵，不列入前兩項之獎勵容積數額**❶。

四、若乙方辦理容積移轉**移入容積**，所增加興建房屋產權面積（含主建物、附屬建物及共用部分）及汽車停車位，**於扣除乙方購買容積之費用（以建物坪數及車位價值抵付）後**❷，甲方分取○○%、乙方分取○○%，甲方須配合出具所需文件供乙方辦理（實際移入容積依主管機關審定通過之面積為準）。

重點 Point

1 部分由他人貢獻而來的獎勵得不列入計算。

2 購入成本實際上不易確知。

提醒 Remind

1 都市更新容積獎勵依其來源分類，可概分為「因更新單元本身之條件依法本即得享有者」、「因實施者投入成本所換得者」、「因更新單元內某位所有權人之貢獻所換得者」，按其獎勵申請的項目不同，因此產出的坪數，所約定的地主分配比例可能也會不同。

2 因捐贈道路地所取得都市更新容積獎勵數額，係由捐贈道路地的所有權人貢獻而來，原則上應由該所有權人分配（當然仍應扣除房屋營建成本）。不過其他地主可能主張道路地容積獎勵增加，將稀釋其土地持分，故亦要求分回一定成數，此即學者所稱：「貢獻所造成之『負擔』」。「ΔF6舊違章建築戶」容積獎勵的分配情形，也與此相類似。不過因應個案實際情況不同，可能未必能夠如此約定。

3 地主常要求建商「保證」一定可分配的「坪數」，由於房屋分配的計算式較為複雜，地主不易明瞭，因此在約定計算式之外而為一定坪數的約定，較能讓地主安心，也與整合的實情相符。不過為求合約公平合理，「保證」坪數的約定宜採保守計算為妥，並約定容積獎勵倘若被刪減至一定比例，建商得有退場機制。

4 容積移入稀釋地主分得土地持分面積，地主常要求分配部分因移入容積而可增加的產登面積。為免計算上繁複，且其購入成本一方不易得知，因此常是直接約定地主分得其一定的比例。

04 分配價值及差額價金找補

第四條：分配價值及差額價金找補

陷阱條文

三、甲方選擇分配更新後大樓二樓以上時，依本約計算應分得之房屋面積，乘以更新後二至十五樓以上建物之平均單價，即為甲方可選二樓以上❶房屋面積之總價值，扣除甲方實際所選該戶之價值，即為甲乙雙方應找補金額。

五、本條所稱之平均單價及甲方實際選戶及車位之價值，以乙方於第一次公開銷售時所訂各戶房屋及車位之價格❷為準。

建議條文

三、甲方非為原一樓建物所有權人者（含原一樓建物所有權人經補貼後選配二樓以上者），選擇分配更新後大樓二樓以上時，依本約計算應分得之房屋面積，乘以更新後二樓以上建物之**平均單價❸**，即為甲方可選二樓以上房屋面積之總價值，扣除甲方實際所選該戶之價值，即為甲乙雙方應找補金額。

五、本條所稱之平均單價及甲方實際選戶及車位之價值，以乙方於**權利變換選配程序❹**時所提供之更新後大樓設計平面圖及各戶房屋及車位價格表為準。

重點 Point

1 如地主欲用「中低樓層」的均價選配「高樓層」，會產生不公平的情況。

2 不易檢證！

3 注意是哪幾層樓的均價。

4 注意是以哪一份價格表為準。

提醒 Remind

1 許多合約會限定以「二樓以上、中間樓層以下」的平均單價計算總價值，也有約定以面積換面積者（例如一樓的選配或地主人數較少的案件）。

2 如果在標準層（非店面戶）之上沒有限制選屋的樓層，因為是以「面積」及「均價」換算「籌碼」，再以此「籌碼」選取「物品」（房屋分配單元），因此採取此種方式分配及選屋者，更新後建物之價值訂得高或低其實沒有差別，因為仍是以「面積」決定。即使建商有意壓低更新後建物的價值（一般採權利變換時常見的弊病），因此而計算出的「均價」偏低（地主的「籌碼」降低），但因「物價」也低，所以並無須擔心「籌碼」降低。

3 各樓層垂直的價格必有差異，有些建商會限制地主選配高樓層的房屋，而且高樓層的分配單元通常設計的坪數較大，一般小地主也不太有能力選配。採權利變換時，建商可能會刻意壓低更新後高樓層建物的價值，但如果雙方採「面積主義」分配，並以「二樓以上」的平均單價計算「籌碼」，就不必擔心此種情況。實際上，倘若限制地主只能選配中低樓層，例如只能選「二至十五樓」，如果以「二至十五樓」的均價換算「籌碼」選「二至十五樓」，對地主的權益也沒有影響。

4 各樓層水平的分配單元價格，彼此之間也會有所差異，如果合約約定的選屋原則沒有限定地主僅能選配某方位、棟別或臨路別等的房屋，若是以「選屋時」提供的價格表進行找補，地主通常也不必擔心某些分配單元的價格訂定會有發生異常的情況（因為地主可以自由選擇、自行「趨吉避凶」）。

5 第五項的「價格表」，除以「選屋時所提供」的以外，也可約定以「主管機關核定者」為準。一般常見約定以「公開銷售時」的價格（「底價」、「表價」……）為找補依據。然而「公開銷售時」的價格可能有多個版本，是否為「真」，地主不易確知，建議仍以「選屋時所提供」（找補數額與選屋時的「預期」相符）或「主管機關核定者」（公示且經審議）的價格為準。

05 甲方選配房屋及汽車停車位之原則

第五條：甲方選配房屋及汽車停車位之原則

陷阱條文

三、甲方實際選配之房屋及車位，不得超過甲方應分配之正負○○%❶，超過時應取得乙方同意❷，並另行協議找補方式。

建議條文

三、甲方實際選配房屋、汽車停車位之總**價值**❸，不得超過甲方應分配總價值之正負○○%，但因乙方建築規劃因素致甲方違反前述比例時，不得視為甲方違約。

重點 Point

1 比較的基準不明。

2 沒有例外。

3 注意比較的基準，如果是約定用房屋「面積」或車位「數量」做為分配基準，就不要用「價值」來比較。

提醒 Remind

1 建商與地主合建，當然是希望未來興建完成的房屋，自己也能分到一部分，然後銷售獲利，絕不想只當代工者。尤其在房地產景氣好的時候，建商有相當的利潤是來自房地銷售，因此如果地主都將房屋選完，就算願意負擔建築成本，亦非建商所願，所以合約一般都會約定地主可選房屋不得超過一定比例。

2 應注意約定選配限制比例的合理性，實務上台北市都更實施者通常將選配限制訂在十％，不過也有因地主陳情限制太嚴，而都更審議會要求實施者酌予提高比例至二十％的案例。營建署「都更作業手冊」中「更新後分配位置申請書」範本，則是記載「實際選配後找補以不超過一個分配單元為原則」，不過該文字不甚精確（因為「分配單元」實際上有大有小），建議可改成不超過「最小分配面積單元之價值」。

3 「但書」規定是在避免因為建方規劃適合地主選配的房屋不足，以致地主不得不超選（或少選）很多而設的例外規定。

4 有時建方也不一定會限制地主可選的比例上限，而是約定地主選配超過比例的面積另依其他定價方式找補，例如「公開銷售時乙方所訂底價之九五折」等。因為建商分到房子也是要賣，地主多選就等同買預售屋的消費者，約定打九五折的意義就是可省掉建商委託代銷的費用。不過為確保地主將來付款無虞，建方常會要求地主在一定的時期比照預售屋買賣的方式，也就是按照工程進度給付自備款。當然，在此也有「公開銷售時乙方所訂底價」究竟應如何確定的問題（參見本章單元四第五項之說明）。

5 「新北市都市更新契約注意事項」中所定「超額選配範例文字」：「如所有權人於應分配外多選房屋或汽車位，與其他所有權人之應分配所選配房屋或汽車位重複，應分配者優先選配，不以抽籤方式處理。」這條文字在實際操作上應要注意，例如甲地主應分配價值一千四百五十萬元，若選配價值八百萬元的A屋後還有剩餘價值，想再選七百萬元的B屋，實際上甲只超選五十萬元，但若A、B兩屋都有其他地主想選，難道甲都應該讓位給其他地主先選？

06 搬遷費補貼與租金補貼

第六條：搬遷費補貼與租金補貼

建議條文

一、搬遷費補貼：乙方同意補貼甲方遷出搬遷費新台幣○萬元整（含稅），**於騰空點交現有房屋時**❶，乙方應以即期支票支付予甲方。

重點 Point

1 就是「搬家費」的概念，給付的時間點是「搬家」時。

提醒 Remind

1 搬遷費就是「搬家費」，金額不多，大致上就是委請搬家公司的費用或添購基本家具的支出，因此通常僅有數萬元。

2 除了本項的搬遷費和第二項的租金補貼之外，如果雙方約定還有其他金錢上的補貼，建議可列在本條。

3 頂樓加蓋建物屬於違建，原本依法應該要被拆除，不過一般為求整合順利，建方可能仍願意提供一些頂加的補貼（尤其是非屬「即報即拆」的「舊頂加」），但如果地主要求比照樓下合法建物一樣的條件分配房屋或補償，就明顯不合理了。

4 都市更新法定權利變換計畫，依法應按各地方政府公共工程拆遷補償標準編列一筆「建

物拆遷補償費」給地主，不過「羊毛出在羊身上」，這筆拆遷補償費的來源仍然是來自於地主的「共同負擔」，由未來更新後的房地折價抵付。實務上的都更合建，地主通常希望能多分些房地，因此在談合建分配比例時，並未將此筆費用計入建築成本，所以都更合建契約一般均未再提供此等補貼，如果有則應該約定清楚。

5 為免法定補償費和約定補貼不同，衍生究竟以何為準的困擾，因此合約第二十三條第二項宜明文約定「合約與法定補貼不重複領取之原則」（參見第二十二條第二項）。

陷阱條文

二、租金補貼：乙方同意補貼自全體地主❶騰空點交房地予乙方完成之日起每月租金每坪〇元，但租金補貼至多四十八個月❷，逾期乙方不負租金補貼及支付義務，甲方亦不得對乙方為任何請求。

建議條文

二、租金補貼：乙方同意補貼甲方更新期間（即**自甲方騰空點交現有房屋日起至完成甲方選配房屋及汽車位交屋日止**❸）每月租金，甲方提供地上物位於一樓者每坪○元（含稅）、甲方提供地上物位於一樓以外之其他樓層者每坪○元（含稅），甲方每月租金金額詳附件，乙方**應按月於第五日前匯入甲方指定帳戶**❹，若首月與末月有不足一個月時，以實際日數計算。

重點 Point

1 僅簽約的「地主」較合理。

2 補貼期間有上限。

3 注意時點。

4 注意租金的交付方式與時點。

提醒 Remind

1 更新期間屋主需在外租屋，一般會約定租金補貼，補貼期間通常約定自搬遷日起至完成交屋（或通知交屋）日止。然而，法定權利變換計畫的租金補貼則有期間限制，因此若契約約定：「但租金補貼至多四十八個月，逾期乙方不負租金補貼及支付義務，甲方亦不得對乙方為任何請求。」雖然與權利變換計畫所載相符，但不符一般都更合建實務約定常態。

2 俗語說：「羊毛出在羊身上。」，建方補貼地主的租金，實為建方合建的成本之一，因此在協商合建比例時自然也是要算入成本來評估，所以地主如果要求高額的租金補貼，理論上合建分得的比例應該要降低。不過租金補貼的期間，則是建方承擔的風險，實務上建方必須精準計算通知地主搬遷的時間點，如果拆遷地上物或興建過程受到阻礙，可能就要承受額外的租金補貼損失。

3 實務上曾看到有合約約定：「自全體地主騰空點交房地予乙方完成之日起」，也就是地主自己雖然先搬遷，但必須等到其他地主都搬遷後才能拿到租金補貼，雖然大幅降低建方的風險，但對地主方並不甚合理。

4 「完成交屋」與「通知交屋」是不同的時點，前者對地主方較有利，後者對建方較有利。

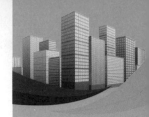

07 保證金支付與返還

第七條：保證金支付與返還

建議條文

一、保證金總額：本案保證金為新台幣〇萬元整。

提醒 Remind

1 從前地主與建商合建，因為沒有「不動產開發信託」機制的控管，當時便有很多建商將建築融資或預售房屋的資金挪為他用。尤其景氣好的時候，當然想運用高財務槓桿獲取暴利，然而一旦景氣反轉，即無法負擔龐大的資金壓力，以致財務周轉不靈而倒閉，因此地主在合建上就面臨有很大的風險。從而，地主與建商合建，通常會要求先行支付一筆高額的保證金，以免未來萬一興建過程建商發生狀況，地主就可使用這筆金錢支應損失。不過相對而言，建方在合建初期即需提撥一筆鉅額資金，無形中增加了成本（高額的利息），也增加了合建門檻（高額的本金）。

2

其實，合建保證金不論再怎麼高，實際上也難以填補地主的損失，也很難繼續處理合建土地上的「爛攤子」，因此後來金融機構開創了「不動產開發信託」機制，讓融資銀行得以控管建方所需的資金，並藉以保障銀行的債權。此外，亦要求地主將土地信託給銀行，避免存在土地上的繼承及債權問題。銀行並提供續建機制，若開始興建後建商倒閉，這樣的問題便不再是「燙手山芋」，大幅降低了合建的風險。所以現在有愈來愈多合建契約不再約定保證金，縱使有約定，在有「不動產開發信託」機制的前提下，其金額也大幅降低，實際上該等數額已不是用來擔保建築工程的完工，而是建方擔保其「有誠意」進來整合，不只是進來「談談看」、「試一試」而已。

陷阱條文

二、乙方開立新台幣○萬元整面額之本票❶作為擔保甲方完成本合建案之保證金。

建議條文

二、保證金支付時點：

（一）第一期：本契約書簽訂日，乙方以即期支票支付甲方保證金新台幣○萬元整；

（二）第二期：都市更新事業計畫及權利變換計畫核定發布日起算五日內，乙方將甲方保證金新台幣○萬元整提撥於信託專戶；

（三）第三期：甲方房屋騰空點交予乙方後，乙方將甲方保證金餘額全數提撥於信託專戶。

重點 Point

1 本票的功用沒有想像的大！

提醒 Remind

1 實務上，合建保證金多以現金支付，不過將保證金提撥予信託專戶也頗為常見。提撥專戶的好處是避免地主花掉，以致將來要返還時拿不出錢；壞處則是錢放在銀行，未來真有情況發生時，要動用不是很容易。不過現在合建保證金通常僅具「象徵」意義（擔保建方的「誠意」），因此兩種給付方式似乎均無不可。

2 合建保證金通常是分期給付，應注意分期支付及返還的時間點，一般支付時點通常是「簽約日」、「計畫生效日」（或「取得建照日」）及「搬遷日」，返還時點則是「結構體完成日」、「取得使照日」及「完成交屋日」（或「通知交屋日」）。

3 曾看過有些合約約定以交付「本票」作為擔保的方式，用來代替合建保證金的支付，然而本票的時效依據票據法規定僅有三年，一般都更合建所需期間卻多半不止如此，而且通常得動用「保證金」時已是建商財務出現問題之時，此時就算可直接拿本票去聲請強制執行，應該也已執行不到財產，所以不建議以「本票」充當合建保證金之用。

08 信託管理

第八條：信託管理

陷阱條文

一、本案配合更新審議流程❶以信託方式委由乙方指定之建築經理公司❷依信託契約內容執行信託管理。甲方應於乙方通知後❸，提供土地信託登記所需之文件予乙方，並與乙方指定受託機構簽訂信託契約。

建議條文

一、為使工程順利興建並完工交屋，本案以信託方式委由乙方指定受託之**金融機構**❹依信託契約內容執行信託管理。**於事業計畫報核後**❺，乙方應訂定期限邀集參與本案之土地、地上物所有權人審閱信託契約，甲方應提供土地信託登記所需之文件予乙方，並與乙方指定受託機構簽訂信託契約，信託相關費用由乙方全額負擔。

重點 Point

1 時間點不明確。

2 不是金融機構。

3 沒有約定清楚時間點。

4 注意受託單位是否為金融機構。

5 注意簽署的時間點。

提醒 Remind

1 「不動產開發信託」是近年所興起之有利於合建的制度，地主及建方分別將合建開發所需的土地與資金信託予銀行，由銀行擔任土地名義上的所有權人，以避免開發過程中產生的繼承及地主債務問題，並且控管建方所需的資金，按照工程進度撥付，大大地降低了土地合建開發的風險。地主因此可以比較不用擔心建商財務周轉的問題，建商也較容易取得建築融資，可說是對雙方均有利的制度，所以廣為現今都更合建採用。

2 不過，「不動產開發信託」應該要具備上述的要素，實務上有些建商在整合初期要求地主信託土地，但實際上其信託契約只是單純的「不動產信託」，也就是僅將地主土地信託登記給銀行，使銀行成為名義上的所有權人，此種信託的功能只有避免整合過程中產生繼承及地主債權人執行的問題，往往僅是建商避免地主「反悔」的手段，讓地主不易「退場」而已。因此地主應在簽訂信託契約前，確認信託契約中受託人重要的權利義務為何，而不要誤以為簽署的一定是「不動產開發信託」契約。

3 受託的單位最好是「銀行」、「金融機構」或「金融機構指定的建築經理公司」，有些合約只寫「建築經理公司」，很有可能就只是上述的「不動產信託」。

4 受託機構通常是為了配合建築融資，所以一般是由建方指定。

5 曾有案例是土地整合的八字都還沒一撇，地主就太早辦理信託，以致後來建商在整合簽署都更同意書上連法定「多數比例」的門檻都沒達到，遲遲未能報核都更事業計畫，卻又不願意放棄；而地主想尋求其他建商整合，但土地已不在自己名下，造成進退不得的窘境。因此台北市政府頒布的參與都更注意事項「都更停看聽」，就建議於都更案達到一定的成熟度（例如事業計畫報核或權利變換計畫報核後）再簽訂信託契約。

6 銀行的信託契約一般要所有的地主都簽署相同的合約，因此即使合約賦予地主於簽約前可審閱信託契約，但除非是明顯可見的問題（例如信託契約中未具續建機制），個別地主如果想要修改信託契約條款文字，實際上不容易。地主如果審閱後不同意簽署信託契約，則要視其不同意的理由，來判斷有無構成違反合建契約或誠信原則的問題。

陷阱條文

二、為確保雙方之權益，雙方同意將甲方土地之產權及本契約之權利義務❶，共同信託予依法得辦理信託業務之金融機構或建築經理公司監管執行。

建議條文

二、信託契約應符合以下內容：

（一）**信託標的應包含甲方土地及乙方資金，並設置信託專戶，約定專款專用。**❷

（二）信託契約應包含**未完工程續建機制**❸。

（三）本案不以甲方土地辦理融資貸款或設定抵押（甲方原有房地抵押貸款之轉貸不在此限）。

重點 Point

1 恐非「不動產開發信託」。

2 此即為不動產開發信託的要旨。

3 用語要注意！

提醒 Remind

1 信託契約中具體、細節的內容可於日後簽訂信託契約中再行訂明，但合建契約仍宜先就信託的要旨約定清楚，以免未來建方提供的信託契約中並未納入合理保障地主的條文，地主也才有明確的依據可拒絕簽署信託契約。

2 現今已有愈來愈多的金融機構願意提供「未完工程續建機制」，其功能是在建方發生財務問題無法繼續興建時，由受託機構或其指定單位繼續未完工程的興建。不過，一般而言還是要經過銀行的評估，如果經銀行評估為「不可行」的時候，則仍有可能不為續建而啟動清理處分機制。因此「續建完工」僅是受託機構承諾願意「盡可能協助處理」，並不是「保證」一定會協助續建至完工。曾有一個地主要求合建契約中須約定信託契約應有「續建完工保證」，建方同意加上「保證」兩字後卻做不到，因而衍生爭議，地主不肯簽署信託契約，建方也無可奈何。

3 如果地主以現金出資方式負擔共同負擔費用，也就是不用更新後房地來折價抵付，即是俗稱的「委建」，此種情形就可以用甲方的土地辦理融資貸款及設定抵押（俗稱的「土融」）。

09 甲方應配合及履行事項

第九條：甲方應配合及履行之事項

建議條文

一、甲方應於簽訂本契約書時，提供下列文件：

（一）擬訂都市更新事業計畫同意書；

（二）變更都市更新事業計畫同意書；

（三）選配原則同意書（附件）；

（四）代刻印章授權書（附件）；

（五）權利變換意願調查表；

（六）更新後分配位置申請書；
（七）土地使用權同意書；
（八）拆屋同意書；
（九）身分證正反面影本。

提醒 Remind

1 報核都更事業計畫必須先取得一定比例的同意書，地主在不清楚自己未來分配及相關合建條件的情況下，通常不敢貿然簽署同意，這也是「都更合建契約」的功用，在地主簽署同意書的同時，就已約定清楚雙方的權利義務。建方與地主簽約求的就是這紙「同意書」，因此地主於簽約時提供「擬訂都市更新事業計畫同意書」，讓建方未來得以報核行政程序，應屬當然之理。不過並不建議地主提供未記載日期的同意書，以免未來因故解約，同意書未收回而經使用，難以判別是何時填寫的同意書。

2 「變更都市更新事業計畫同意書」是於事業計畫核定後，因故須提出變更申請時，而須再次檢附符合法定比例的同意書。變更原因可能多樣，幅度亦不一，未必對地主權益產生不利的影響；建方為免地主事後出於不理性的刁難，常要求地主於簽約時就預先提供「變更都市更新事業計畫同意書」，以應不時之需。如須整合的地主較多，不強求特定戶別或原非屬一樓的地主不妨接受。

3 「選配原則同意書」應依契約約定記載，似不宜空白授權。

4 應注意合約附件「代刻印章授權書」所記載的授權範圍，是否與合約條文所載（第九條第三項）相符。不過如果是「以權利變換方式實施」搭配「不動產開發信託」，相關建照申請事務幾乎不需地主用印，因此實際上也未必需要授權代刻印章。

5 「更新後分配位置申請書」是否提供，視簽約時間點而定。若尚未進行選屋程序，則等到選屋程序時再提供。

6 在「以權利變換方式實施」的情形，「土地使用權同意書」、「拆屋同意書」依法並不是必要文件。

陷阱條文

四、乙方公開銷售本大樓及興建期間，甲方不得影響乙方之銷售行為，否則視同甲方違約。甲方應自本大樓辦理保存登記及交屋完成一年後❶，始得自行銷售其分得之房屋。

建議條文

四、甲方不得於乙方**通知交屋前**❷公開銷售其實際選配房屋及汽車停車位，但經與乙方另行書面協議並委由乙方代為銷售者，不在此限。代為銷售費用由雙方另行協議。

重點 Point

1 限制銷售的期間恐過長。

2 注意限制銷售的期間時點。

提醒 Remind

1 建方合建分屋當然是要銷售才能獲利，為免地主自行銷售房屋開價打亂行情，因此一般合建契約通常都會約定地主於一定期間經過後，始得自行對外銷售分得的房屋，否則就要委由建方一同銷售，由地主負擔代銷費用。

2 應注意限制地主銷售的期間。有的合約約定為「建造執照核發後一年內」，相當於建案的預售期間。不過就一般而言，建商可能會保留一定比例的房屋留待新成屋時銷售，因此不少合約會約定成「領得使用執照前」、「領取使用執照後之半年內」或「通知交屋前」。限制的期間愈短當然對地主愈有利，但仍宜兼顧建商的銷售規劃。

陷阱條文

五、雙方依本契約須找補差額價金或其他稅、費及款項者，甲方應自乙方通知之日起十五日內❶，以現金或即期支票與乙方辦理找補事宜。

建議條文

五、雙方依本契約須找補差額價金或其他稅、費及款項者，除本契約書另有約定外，乙方於**核發使用執照後、辦理更新大樓產權登記前**❷，將雙方應找補之差額價金及其他稅、費及款項通知甲方，甲方應自乙方通知之日起十五日內，以現金或即期支票與乙方辦理找補事宜。

重點 Point

1 沒有約定清楚繳款時間。

2 注意繳納的時間點。

提醒 Remind

1 曾有合約僅約定「……前」經通知限期繳款，而未約定「……之後」，以致解釋起來在「……前」，建方均可通知地主繳款，並不合理。

2 地主需繳交的金額若是不大，有時是約定於「交屋時」結清應繳之差額價金及稅費。

10 甲方產權保證

第十條：甲方產權保證

建議條文

一、甲方保證所提供之不動產產權清楚，絕無三七五租約、提供土地使用同意書或類似同意書予第三人或與第三人簽訂合作開發等類似契約或有任何其他糾紛、障礙足生妨礙於本契約之履行。

二、甲方於簽訂本契約書後，如有新定租約、新設定負擔者，應事先通知乙方；如有所有權移轉者，甲方應使該繼受人簽署同意書，同意繼受本契約甲方之權利義務，並將繼受人已同意之事實以書面通知乙方。

三、本契約書簽訂前，甲方提供土地或地上物已存在之地上權、違章建築由甲方自行負責協議排除，如不能排除依都市更新條例第三十九條規定辦理。

四、本契約書簽訂時，甲方不動產有既存租約者，應通知承租人配合依本契約書第○條約定期限辦理房屋騰空點交。

五、甲方所提供之不動產如已有設定抵押權時，甲方應於辦理信託登記前辦妥抵押權塗銷登記，甲方無法全部清償或塗銷者，同意配合本案向信託銀行轉貸，相關轉貸所生規費及手續費等稅費由甲方負擔之。

提醒 Remind

1 所謂「產權保證」，就是地主要擔保自己原有房地的產權，是清楚而不是有糾葛、有紛爭的，且未來點交給建方興建時，其權利應是無瑕疵的。

2 基於本條第一項的約定，地主簽署本約後，就不得再簽署同意他人實施都市更新事業的同意書，或者與他人簽訂合建契約或類似的開發協議書。

3 雙方簽訂合約後不代表馬上要興建新房子，因此地主仍可以出租房地予他人或融資貸款，但為使建方能評估風險，宜先通知建方（但不必取得其同意）。然而地主若於簽訂合建契約後，仍有將房地轉賣或移轉他人的需要，由於雙方合建契約不會因轉賣後就當然移轉予買方，且第二十二條第三項也有約定任一方非經他方同意不得任意轉讓合約，因此地主必須先使受讓人願意繼受合約，且通知建方及取得其同意，以免建方因此蒙受合建整合上的障礙及損失。

4 地主的土地上存有地上物且非自用時，宜提前一定時程處理既存租約、地上物等，以免違約。如地主自忖無法自行排除，應和建方協議排除的方式或約定交由建方排除，避免未來承擔產權移交發生問題時的責任。

5 由於「轉貸」往往是為了配合建方指定的信託銀行所需，因此如果新的銀行要求的貸款利息較高時，地主有時會要求建方負擔自轉貸日起至交屋日止彼此間的利息差額。

11 現有房屋騰空點交作業

第十一條：現有房屋騰空點交作業

陷阱條文

一、甲方應於乙方通知日❶起十日內將其提供參與本案之現有房屋騰空點交予乙方，甲方如有留置物品，則視為廢棄物，乙方可直接派員清理、拆除，甲方不得異議。

建議條文

一、**權利變換計畫核定公告期滿後**❷，甲方應於乙方通知日起三十日內將其提供參與本案之現有房屋騰空點交予乙方，甲方如有留置物品，則視為廢棄物，乙方可直接派員清理、拆除，甲方不得異議。拆除工程費用由乙方全額負擔。

重點 Point

1 乙方通知搬遷的時間點沒有任何限制！

2 必須符合一定條件才可通知搬遷！

提醒 Remind

1 現有房屋騰空點交可說是合建契約中地主最重要的義務，地主應注意的是履行騰空點交的「時點」。

2 有的合約沒有約明必須符合一定條件，僅僅約定於乙方通知日起一定期限內，甲方就須進行搬遷，如此可能會任由乙方恣意決定期日。當然建商如果提早通知地主搬遷點交房屋，可能就需要提早支付地主在外租屋的房屋租金，因此不至於在太不合理的時間點通知地主搬遷。有些時候仍然可能會發生一些預想之外的情況，例如整合土地發生困難、法令或政府政策變更等，地主如果太早搬遷的話，也意味著提早承擔風險。因此若合約未限定應符合一定成熟度的客觀條件（例如權利變換計畫核定或領得建造執照後），乙方才能通知搬遷的話，對甲方會比較沒有保障。

3 如果雙方沒有在合約中約定搬遷期日，而且是以「權利變換」方式實施都市更新時，依照都市更新相關法令規定，權利變換範圍內應行拆遷的房屋，由實施者通知屋主限期三十日內自行拆遷，屆期不拆遷者，實施者得予代為或請求當地主管機關代為拆遷。實施者並應於權利變換核定發布日起十日內，通知預定公告拆遷日，但權利變換計畫公告期滿至預定公告拆遷日，不得少於兩個月。

4 如果不是以「都市更新」的方式開發土地，而是單純的「合建」方式開發，搬遷的時間點一般可能會約定在「領得建造執照後」。

5 建方通知之後的地主搬遷時限，不宜太短也不宜太長，一方面要考慮搬遷所需的時間，一方面也要考慮避免影響建方後續要走的建管流程。

6 「文林苑」事件後，有的地主會要求建商必須取得全部地上物所有權人的「拆除同意書」後，才能通知地主騰空點交房屋，以免面臨有所謂「釘子戶」拆不掉的情況。

12 室內工程變更

第十二條：室內工程變更

陷阱條文

一、甲方實際選配房屋如須變更設計時，變更範圍以室內隔間及裝修為限，如有追加帳❶，甲方應於簽認後十日內繳交，逾期未繳交視同取消變更設計申請。

建議條文

一、**甲方實際選配房屋如須變更設計時，變更範圍以室內隔間及裝修為限**❷，其他有關建築設計、立面外觀、結構安全、管道間、消防設施、公共設施、廚房、浴廁位置不得要求變更，且不得違反法令規定，其變更之增減工程應比照原設計圖樣為準。變更事項應由甲乙雙方於工程變更單上簽認，如有追加帳，甲方應於簽認後十日內繳交，逾期未繳交視同取消變更設計申請；如有減帳，乙方應於甲方選配房屋交屋時乙次退款完成。

二、甲方實際選配房屋變更設計申請，應於乙方通知期限內為之，且以乙次為限。

重點 Point

1 只考慮「加帳」而沒有「減帳」。

2 本條是在規範個別地主所選房屋室內的設計變更。

提醒 Remind

1 本條所規範的是在預售屋買賣時一般俗稱的「客變」。建案蓋到一定程度時，建商會向地主寄發「客變通知」，合建的地主可如同預售屋的買方，選擇變更室內的格局及裝潢建材。但是有關建築的空間規劃、立面外觀、消防、公設等，因為牽涉到整體設計，因此不得要求變更。至於廚房、浴廁的位置，由於涉及上下層共用管線的配置，建商通常也不一定會讓客戶能夠申請變更。

2 有的合約只見約定「追加帳」要付款，「減帳」則無約定要退款，宜加以注意。此外，應注意繳款及退款的時間點。另由於「客變」是給予客戶方便，減少事後裝修的困擾與浪費，然而此不僅增加建方的工作，而且可能造成完工甚至領照期程的延宕，因此如果約定「客變」的申請以一次為限，尚屬合理、合宜。

3 請注意本條的「室內工程變更」，與建商在簽約後對於建築整體或部分規劃設計的變更，兩者有所不同。建築的規劃設計常要因應現實情況的變化做改變，例如審查過程中可能因主管機關的要求而變更；建商為因應房地產市場變化，更改房型大小坪數設計等，此種「變更設計」，通常是建商基於自己或「整體」的利益所提出，要考量的是會否因此影響地主的權益，因此不要將其誤以為是在本條規範，以致實際上漏未約定。相關的規定及注意事項可參考本章單元二第六項。

13 工程施作

第十三條：工程施作

陷阱條文

五、施工標準悉依核准之工程圖樣及本契約書附件○之建材與設備說明書施工，除經甲方同意不得以同級品之名義變更建材設備或以附件○所列舉品牌以外之產品替代。但乙方基於建築師之設計需要、市場貨源供應或施工考量等因素，有權對於所列之建材與設備進行適當調整❶。

建議條文

五、施工標準悉依核准之工程圖樣及本契約書附件○之建材與設備說明書施工，除經甲方同意不得以同級品之名義變更建材設備或以附件○所列舉品牌以外之產品替代。**但乙方能證明有不可歸責於乙方之事由，致無法供應原建材設備，且所更換之建材設備之價值、效用及品質不低於原約定之建材設備或補償價金者❷**，不在此限。

六、乙方保證交付甲方分得之房屋，不得低於乙方公開銷售房屋所列建材設備之價值、效用及品質。

Point 重點

1 得更換為「同級品」的情形過於寬鬆或模糊。

2 可使用「同級品」的要件。

提醒 Remind

1 工程施作原本就必須依照政府核准的工程圖樣及雙方約定的建材設備（通常附於合約附件）辦理，不過當遇有約定的建材市場缺貨或有價格壟斷之虞，或廠商無法於工程所需時間內供貨時，則有可能需要以「同級品」或「同等品」代替。所謂「同級品」，指的是建材設備品質、性能均不低於原合約約定廠牌水準的同等商品。然而實務上不乏有濫竽充數，將聲譽高、價位高的產品，與價位折半、功能規格雷同的次等品牌當作「同級品」魚目混珠，有時其價值、效用及品質在一般「外行人」看來，實難分軒輊。因此可以用「同級品」替代的情形，最好不要約定太過寬鬆或模稜兩可，建議可參考行政院消保會公告的「預售屋買賣定型化契約應記載事項」規定（如本條第五項所載）。

2 一棟建築的建材設備百百款，厚厚幾頁建材設備說明書中所列的項目內容，如果不是專門從事相關行業的工作者，可能未必看得懂或明瞭其中的差異。由於建商與地主合作興建，也會分得一部分的房屋對外銷售，建商為求賣相良好，建材設備總是不會用得太差，因此地主與其花費精力在研讀、比較建材設備說明書中的優劣異同，不如直接在合約中增訂一條：「地主分得房屋不得比建商對外銷售的差」，或許就可以不用在每一條項的規格品牌上皆錙銖必較，也可避免「外行領導內行」，造成建商在指定建材設備方面的困擾。

3 如果是都市更新案，都更事業計畫後面的附錄會列有一張「建材設備等級表」，一般會將品項分成三個等級，建議地主在收到事業計畫書光碟時，可以打開那張附表參閱一下，檢視看看是否有符合雙方合約的約定。

4 地主宜注意合約中是否有未來建商可能要施作「二工公設」的條款。所謂「二工」就是在取得使用執照之後，違法增加施作的工程。條款一般會寫成：「為提升本案更新大樓之環境品質暨維護社區公益與住戶權益，甲方同意乙方得於本大樓使用執照取得後，在使用執照核准範圍外，再增添或修改大樓部分公共設施或設備。」雖然是建商免費提供給客戶，以增加賣相及大樓的使用性能，然而其因為違反建管法令規定，因此隨時可能遭檢舉報拆，在管理上也衍生不小的困擾。地主對於此的態度，可能見仁見智，有些人會比較抱持僥倖心理，覺得沒什麼不好，遇到問題再說；有些人寧可多一事不如少一事，為免將來發生麻煩，而反對建商施作「二工」。

5 有些地主可能因為原本房屋的結構安全有問題而需要都更，很怕未來好不容易都更完蓋好的房子又有同樣的問題，因此要求在合約中加入自己能夠隨時進場「監工」的條文；不過如果地主本身不是相關專業，這樣的條文不僅對房屋結構安全的增進無益，反而可能造成施工上的困擾。如果有這方面的需求，實務上有以下三種方式可供選擇：一、在合約中要求未來工程施作應委託結構技師辦理監造（目前建管實務未依建築法第十三條但書規定，要求有關建築物結構專業工程部分的監造，亦交由專業技師負責辦理）；二、在合約中要求更新後建築物應取得「財團法人台灣建築中心」核發的「耐震標章」認證（可參閱網址：http://web.tabc.org.tw/tw/）；三、在合約中要求更新後建築物應取得「社團法人台灣建築安全履歷協會」（目前理事長為戴雲發結構技師）核發的「建築安全履歷」認證。

14 工程期限

第十四條：工程期限

一陷阱條文一

乙方應於建造執照核定期限內完工❶，但因政府法令變更、天災地變等不可抗力、主管機關要求、建材缺貨、土地鑑界面積不符致須變更設計圖說、鄰損戶拒絕協商、因本案基地任一地主未依約繳付房屋稅費❷或其他不可歸責於乙方之事由❸，得順延其期間。

一建議條文一

乙方應於建造執照核准後，於建築法規定期限內向建築主管機關申報開工，並於開工日起〇〇〇個日曆天內完工。開工日以建築主管機關准予備查開工之日為準，完工日以建築主管機關核准使用執照之日為準❹。但❺因政府法令變更、天災地變等不可抗力、甲方或參與本案之其他地主未依本契約書約定辦理各項手續（包括貸款銀行拒絕出具拆除房屋同意書、遲延騰空點交、產權糾紛、界址不清、遭保全處分、強制執行或拒絕配合提供文件等）或其他不可歸責於乙方之事由所致不能施工或影響工期者，得順延其期間。

重點 Point

1 沒有規定「開始」（開工）及「結束」（完工）的認定標準，關於期限的約定也不甚佳。

2 工期得展延的除外事由約定不盡公平合理。

3 沒有限定是「所致不能施工或影響工期」的事由。

4 「開工」或「完工」皆應定義於合約中，期限的約定也應載於合約中。

5 「但」字以下為除外事由。

提醒 Remind

1 有些建商可能故意不在合約內提「開工日」及「完工日」，造成日後雙方有爭議時，對於「開工」與「完工」的定義各說各話。有的建商則可能會使用對其比較有利的時間點，例如「開工日以主管機關核准放樣勘驗之日為準」或「完工日以使用執照掛件申請之日為準」，皆會產生「開工日」可以更延後一些、「完工日」可以更提早一些的效果。甚至，建商更可刻意「未報勘驗」（可能僅需被處以幾萬元的罰鍰），或者於尚未完工前提早掛件申請使照，皆可以「技術性地」讓建商免除或減少可能需支付的逾期完工違約金。

2 建築法規定的申報開工期限為六十＋三＝九個月（建築法第五十四條）。

3 常見合約約定工程期限為「於建造執照核定期限內完工」，但可能不如想像中這麼明確可稽。雖然依據建築法第五十三條規定，建管機關於發給建造執照時，會於建照上核定建築期限，得因故申請展期一年，並以一次為限，逾期完工者，建照失其效力。但過去幾次房地產不景氣的時期，政府往往為減緩建商推案的壓力，多次以發布函令的方式全面延長建築期限，因此我們看到市場上存在有許多「舊建照」，也就是可以適用比較久以前、管制比較寬鬆時期法規的「新建案」。為此，監察院還曾於一百年提出糾正，指出有許多建築期限延長近十年的建照，僅申報開工，卻未實際施工，但建案仍為有效，以致結構安全及消防設備可以不必符合建築時之最新標準，主管機關相關做法顯有缺失。雖然在監察院做成糾正案之後，此種情況已經減少許多，但近來房市不振，仍有地方政府選擇發布令函延長建築期限，因此最好還是明確約定應於多少個日子內完工，比較不會因為政府政策而演變成為「無期限」的工程期限。

4 工程期限的天數，可能以「日曆天」或「工作天」來計算，應事先約明，否則就會有爭議。所謂「日曆天」，是以一個日子就算一天，不論是星期例假日、國定假日、民俗節日、選舉投票日、臨時放假日、其他休息日或雨天等不工作的時間，都計算在內，不過當然還是有例外不計工期的情形，但應在合約中明定。所謂「工作天」，則是指工地能實際工作之日，前舉日期及不能工作的日子均須扣除，計算起來會比較複雜。同樣的天數，「日曆天」相對而言，當然會比「工作天」的期間為短。工程期限究竟多長，最好一定程度要尊重建商的專業考量或依循可信的專業意見，而不是地主一味求短就好，畢竟「趕工」對於工程品質而言並非好事。

5 漫長的工程進行期間，一定會發生許多難以預期的困難，導致工期不得不延宕，許多情形根本不是乙方的過錯，因此基於公平合理分配風險的原則，合約中必會加註幾項不計工期的「除外事由」。不過地主應注意這些例外得容許展期的原因是否合理，例如：「主管機關要求」、「建材缺貨」、「土地鑑界面積不符致須變更設計圖說」、「鄰損戶拒絕協商」等事由，列入其中可能就未必合理。甚至曾經看到有建商竟然將「因本案基地任一地主未依約繳付房屋稅費」，根本不會導致不能施工或影響工期的事由也納入，顯然就不合理。

15 更新大樓驗收交屋

第十六條：更新大樓驗收交屋

陷阱條文

一、乙方應於領取更新大樓使用執照後六個月內將甲方應得之房屋以書面通知甲方辦理交屋手續，甲方應於乙方通知日起十日內❶與乙方完成交屋❷，同時繳清應負擔之費用，逾期視為已完成交屋，即日起乙方不負保管責任。

二、本案更新大樓共同使用部分之相關公共設施，乙方應於通知甲方交屋日起九十日內全部完成，但甲方不得以公共設施工程未完成為由，拒絕交屋及繳清應負擔之費用❸。

建議條文

一、乙方應於領取更新大樓使用執照後六個月內完成自來水、電力、電訊、天然氣之配管及埋設等**契約、事業計畫所示之公共設施❹**，並以書面通知甲方於三十日內辦理驗收交屋程序。

二、甲方驗收如認為有未依主管機關核准之建照圖說或雙方契約約定施工情事，**得定相當期限要求乙方改善後再行驗收，乙方若未能於期限內完成改善或無法改善者，甲方得就該部分要求照價賠償或減少價金❺**。

重點 Point

1 天數恐怕太少。

2 欠缺驗收的程序規定。

3 公設還沒完成就要交屋，不甚合理。

4 注意有關公設的約定。

5 注意驗收的程序規定。

提醒 Remind

1 實務上許多合約對於「甲方」的交屋驗收程序，會約定僅限於甲方分得的「專有部分」，至於「共有部分」（或稱「共用部分」、「公共設施」）的驗收點交，則交由管理委員會，甲方不得以該部分未完成而拒絕交屋；甚至約定先完成甲方專有部分的點交，公設部分再寬限數個月內完成。當然，公設的驗收點交是管委會的權限，但如果公設還沒完成就可以算是完成房屋的點交，參照行政院消保會頒布的「預售屋買賣定型化契約應記載事項」規範，如此的約定似非合理。

2 有合約特別約定「甲方得拒絕乙方交屋」的事由為：「因房屋結構、牆壁損毀、缺水、缺電等重大瑕疵致無法居住時，甲方得拒絕交屋，俟乙方修復完成後再行通知甲方辦理驗收交屋」，是否就對甲方有利？參照「預售屋買賣定型化契約應記載事項」的文字，並沒有要達到「致無法居住」的程度，甲方始得拒絕交屋，而是「縱經修繕仍無法達到應有使用功能」即可。

16 保固責任

第十八條：保固責任

建議條文

一、自交屋作業完成日起（甲方未依約辦理交屋時，則自乙方通知甲方交屋期限屆滿之翌日）起，就結構部分（如梁柱、樓梯、擋土牆、雜項工作物等）負責保固十五年，**屋頂、外牆、地下室等防水工程負責保固五年❶**，固定建材及設備部分（如門窗、粉刷、地磚等）負責保固一年，但因天災地變等非人力所能抗拒之災害或人為不當使用所造成之損害，不在此限；交屋時乙方應出具房屋保固服務紀錄卡予甲方作為憑證。

二、前項期限經過後，甲方仍得依民法及其他法律主張權利。❷

重點 Point

1 有些合約會特別約定「防水保固」。

2 宜特別約定清楚「保固」與「瑕疵擔保」的關係。

提醒 Remind

1 一般合建契約大多會約定建方於完工交屋後應負房屋保固責任，常見會區分成房屋「結構體」與「非結構體」部分，而分別給予一定期間的保固。由於施工實務上若是在許多細節沒有特別注意，就會造成房屋於完工使用幾年後，即可能出現滲漏水的情況。滲漏水的缺失雖小，卻不容易找到源頭完全改善，正如有句俗諺說：「醫生怕治咳，土水師怕抓漏。」所以有些合約還會特別約定「漏水」修繕的保固期間，希望建方能在防漏工程上更加謹慎、小心。

2 所謂「保固」，就是只要房屋有瑕疵，除了天災地變或自己不當使用所造成者之外，都可以不需支付任何費用而請求建方無償修復，地主也不用舉證建方對於瑕疵的發生是具有「可歸責」的。這與民法上所定的「瑕疵擔保責任」有些類似，但如果沒有特別約定「保固條款」的性質，兩者究竟如何區分？到底「保固條款」是特約免除、限制或加重了民法「瑕疵擔保責任」（亦即「排除」民法不一致的規定）？還是在民法「瑕疵擔保責任」之外另成立特約條款（與民法不一致的規定「併存」），最高法院八十四年台上字第九十五號判決稱此為「賠償責任之特約」）？依照最高法院一〇四年台上字第五五〇號判決：「應視個案情形，探求當事人之真意，並依誠信原則，斟酌交易習慣，綜合契約整體內容判斷之。」簡單來說，就是判斷其實並不容易！基於上述，對於地主而言，最好是合約約定的「保固條款」有適用，而民法所定「瑕疵擔保責任」也不會被排除適用。因此為免爭議，可參考「預售屋買賣定型化契約應記載及不得記載事項」的規定，在「保固條款」後另立一項，規定：「前項期限經過後，甲方仍得依民法及其他法律主張權利」，如此兩者就會有「併存」的法律效果。

17 稅費負擔

第十九條：稅費負擔

建議條文

一、本案申報開工日前甲方現有房地之地價稅、房屋稅、工程受益費及水電費，悉由甲方自行繳清，其於申報開工日前已產生但未繳納者亦同。

二、甲方土地於甲方依約將土地持分移轉於乙方或乙方指定之人時，其移轉所發生之土地增值稅由甲方負擔（得依都市更新條例權利變換實施規定免徵或減徵）。

提醒 Remind

1 地價稅、房屋稅等稅費負擔，曾見部分合約約定：「於甲方房地搬遷點交予乙方前」由甲方負擔，其後由雙方分得土地持分比例各自負擔；因時間點較早，對甲方較有利。

2 民間一般合建通常約定由地主負擔自己部分土地持分移轉予建商所生的土地增值稅，而依照都更條例規定實施權利變換，此部分實際上可免徵土地增值稅。不過縱使在採取所謂「假權變、真合建」的情形，仍會約定土地增值稅由何方負擔，以防萬一（且地主不足選配部分未達最小分配單元時，仍會有土地增值稅的產生）。然而常見合約如此約定：「甲方依權利變換計畫以更新後土地及房屋折價抵付其應負擔共同負擔費用部分，依法免徵土地增值稅及契稅。」一旦遭認定為協議合建行為而要求補稅，應由何方負擔？就會發生爭議。

建議條文

十、依公寓大廈管理條例規定起造人於申請使用執照時應繳交之**公共基金**，不論起造人為何人，**雙方**應按分得房屋比例提繳。

十一、**自來水、電力及瓦斯之內、外管線之接通及配管費用**，由**乙方**負擔。另**瓦斯裝錶費用及保證金**，則由**甲方**負擔。

十三、**房地互易處理**：基於稅法規定合建土地及建物等值互換之原則，雙方互易房地之互換價格，於甲方將土地移轉予乙方同時，由乙方開立甲方所分得建物總值之發票予甲方，甲方開立同額土地款收據予乙方，乙方所開立予甲方發票，**其稅額由甲方負擔**。

重點 Point

注意費用的項目以及是由何方負擔。

提醒 Remind

1 依公寓大廈管理條例應繳納之公共基金，部分合約會約定由乙方負擔。

2 有關自來水、電力及瓦斯之內、外管線的接通及配管費用，可參考內政部一〇三年八月五日函釋，並於合約中明文約定。（內政部一〇三年八月五日內授中辦地字第一〇三六六五一六三八號函：「預售屋賣方通知買方驗收時，自來水、電力均應達接通狀態，且賣方不得向買方另收自來水、電力之內、外管線費用。有天然瓦斯地區之預售屋買賣，除契約另有約定，並於相關銷售文件上特別標示不予配設天然瓦斯配管外，賣方均應於房地出售範圍內，達成瓦斯配管（內線管設施）之可接通狀態，不得向買方另收內線瓦斯管線費。至銜接公用事業外線管（房地出售範圍外）之瓦斯管線費，因非屬預售屋買賣定型化契約應記載及不得記載事項第十三點規定範疇，宜由買賣雙方本契約自由原則議定之。」）

3 本條第十三項是關於「營業稅」的約定，詳細內容請參考本書第二章單元十五。

18 違約處理

第二十條：違約處理

—陷阱條文—

一、因可歸責於乙方之事由致本案完工日遲於第〇條交屋期限之約定，或乙方無故停工達三十日或累積停工達六十日，甲方應書面催告乙方限期完成，乙方並應按日給付未完工工程法定工程造價千分之一的懲罰性違約金，甲方依權利變換計畫所載之更新前權利價值比例分取之。❶

—建議條文—

一、乙方違約罰則

（一）因可歸責於乙方之事由致本案完工日遲於本契約書第〇條約定期限，或乙方無故連續停工達三十個日曆天或累積停工達六十個日曆天，甲方得以書面催告乙方限期於十五日內補正，逾期未補正，自催告期滿次日起，每逾期一日，乙方應按日依未完工程部分之法定工程造價千分之一給付懲罰性違約金，甲方依權利變換計畫所載之更新前權利價值比例分取之。

（二）除前款規定之外，因可歸責於乙方之事由致乙方未依約履行本約所定其他乙方之義務時，甲方得以書面催告乙方限期於十五日內補正，逾期未補正，自催告期滿次日起，每逾期一日，乙方應按日給付新台幣〇〇〇元整予甲方作為懲罰性違約金，並應對甲方因此所受之損失，負賠償責任。❷

重點 Point

1 只有乙方「逾期完工」及「停工」的處罰！

2 注意很多合約未規範乙方違反「其他約定」的處罰！

提醒 Remind

1. 乙方除停工或逾期完工外，還有可能違反其他合約條款，然而許多合約卻未訂有如第（二）款「違反其他事項」的違約罰則，並非合理公平。可參考本書第二章單元十六。
2. 「違約金」的種類可分為「懲罰性」及「賠償額預定性」兩種。前者，債權人除得請求支付違約金外，尚得請求損害賠償。後者，由於違約金本身就是「損害賠償總額」的預定，因此債權人不得證明實際所受損害額多於違約金額，再額外請求損害賠償。建議在合約中明文約定清楚，以免徒生爭議。
3. 注意違約金約定數額是否合理，如約定過高，違約方得依民法第二百五十二條：「約定之違約金額過高者，法院得減至相當之數額。」向法官請求酌減違約金。

建議條文

二、甲方違約罰則

（一）甲方如逾期達五日未繳清依本約應繳納之款項或已繳之票據無法兌現時，甲方應加付按逾期期款部分每日萬分之五單利計算之**遲延利息❶**，於補繳款項時一併繳付乙方。如逾期二個月仍未繳納，經乙方以書面催繳，經送達七日內仍未繳者，甲方同意依本項第（二）款之違約金規定處理。

（二）除前款規定之外，因可歸責於甲方之事由致甲方未依約履行本約所定其他甲方之義務時，乙方得以書面催告甲方限期於十五日內補正，逾期未補正，自催告期滿次日起，每逾期一日，甲方應按日計付新台幣〇〇〇元整予乙方作為懲罰性違約金。甲方之遲延造成乙方或其他參與更新大樓之人權益受損時，應負賠償責任。

重點 Point

1 注意「遲延利息」與「違約金」的區別。

提醒 Remind

1 合約所約定對於雙方的違約處罰，原則上應對等、公平且適當，漫天開價的違約金失去規範意義（勢必遭法院酌減），亦不宜僅約定一方違約時有罰則、另一方違約時則無罰則。

2 「遲延利息」與「違約金」應區分清楚，常見許多合約對兩者分辨不清。「遲延利息」是依據民法第二百三十三條：「遲延之債務，以支付金錢為標的者，債權人得請求依法定利率計算之遲延利息。但約定利率較高者，仍從其約定利率。」；「違約金」則是依據民法第二百五十條：「當事人得約定債務人於債務不履行時，應支付違約金。」因此，如果遲延之「債務」若非以「支付金錢」為標的者，例如「遲延完工」，是以「完成一定工作」為「債務」之標的，那就是給付「違約金」的問題，不過許多合約卻是約定成給付「遲延利息」。

3 就「遲延利息」，民法第二百零五條規定：「約定利率，超過週年二十%者，債權人對於超過部分之利息，無請求權。」；就「違約金」，民法第二百五十二條規定：「約定之違約金額過高者，法院得減至相當之數額。」

19 解除或終止契約

第二十一條：解除或終止契約

【建議條文】

一、甲方違約之解除或終止契約

甲方違反本契約**致妨礙乙方依本契約行使權利及工程進行**❶，經乙方定期十五日以上催告履行或補正二次以上而甲方仍未改善時，乙方得解除或終止本契約；本契約因上述原因而解除或終止時，甲方除應加倍返還已收取之保證金（包括乙方交付信託專戶之保證金）作為懲罰性違約金外，並應賠償乙方所受之一切實際損失，甲方違約行為造成其他參與更新大樓之人權益受損時，亦應負賠償責任。

二、乙方違約之解除或終止契約

乙方違反本契約**致本案無法進行**，或**開工後無故連續停工達九十個日曆天時**❶，經甲方定期十五日以上催告履行或補正二次以上而乙方仍未改善時，甲方得解除或終止本契約；本契約因上述原因而解除或終止時，甲方除得沒收乙方已支付之保證金（包括乙方交付信託專戶之保證金）作為懲罰性違約金外，乙方並應返還向甲方收取尚未使用之一切書類文件及賠償甲方所受之一切實際損失。除由受託機構啟動續建機制協助處理者外，甲方並得沒收所有工程及收回土地。

重點 Point

1 解約事由通常約定較為嚴格。

提醒 Remind

1. 地主及建商雙方既經歷一段相當長時間的協商，在謹慎考量後簽定合建契約，就是期待最終雙方均能夠順利圓滿完成合約履行，因此合約自然不宜太過輕易就容許一方可以解除，所以就「解除或終止契約」的事由，一般合約通常會訂定得較「一般違約」時的處理更為嚴格，建議宜與「違約處罰」分條規範，限於存有「重大違約」事由時，始得契約。例如本條第一、二項的約定除了一方違反合約的約定外，尚須有「妨礙乙方依本契約行使權利及工程進行」、「致本案無法進行」時，經他方踐行一定的程序，始得解除或終止契約。
2. 解約後應如何賠償對方或善後，宜事先約定清楚。
3. 依民法第二百五十八條：「解除權之行使，應向他方當事人以意思表示為之。」實務上通常是以存證信函或律師函表明解除（或終止）契約之意旨並送達對方，而完成「解除（或終止）契約」的法律行為。應注意不要發生第二章單元二十的錯誤！
4. 「解除」契約是讓契約「溯及」失效，回復到未簽約前的狀態，雙方互負回復原狀的義務。然而有時雙方的契約已經履行至一定程度，而難以讓契約溯及失效、回復原狀（例如合建工程已經開始興建，而無法返還原本的房地），這時就僅得「終止」契約，讓契約「向後」失其效力，雙方依契約約定進行善後與損失填補。

5 為避免損害數額舉證困難，雙方得於本條約定賠償一定數額的「賠償額預定性」違約金。

陷阱條文

三、若於民國○年○月○日之前，乙方未能與本案基地內地主簽訂合建契約達事業計畫法定報核比例門檻❶時，乙方❷得解除本契約。❸

建議條文

三、不可歸責於甲乙雙方之解除或終止契約❹

（一）有下列情事之一者，任一方得以書面通知他方解除或終止本契約：

1截至民國○年○月○日止，本案尚未報核都市更新事業計畫時。

2截至民國○年○月○日止，本案尚未能取得都市更新事業計畫及權利變換計畫之核定時。

3本案都市更新容積獎勵值經主管機關核定後，未達基準容積之○%時。

4本契約因地震、火災、戰爭、政府法令政策變更或其他建築法規限制致乙方不能領得建造執照；或於工程進行中，因不可抗力或其他非可歸責於雙方之事由，致本契約無法履行時。

（二）本契約因前列各款原因而解除或終止時，雙方互不負違約責任，**乙方應於解除日起算三十日內將已收取但尚未使用之一切書類返還予甲方，甲方應同時無息返還乙方已支付之全部代墊款項及保證金。乙方如已報核都市更新事業計畫時，應向主管機關申請撤案❺**。

重點 Point

1 「退場事由」不易證明。

2 只有單方可選擇「退場」。

3 解約後沒有後續處理。

4 俗稱的「退場機制」條款。

5 都更合建契約的解除，尚須處理可能存在的都更行政程序法律關係。

提醒 Remind

1 本條項約定「不可歸責於雙方」之解除或終止契約，就是當整合地主超過一定期間，或者發生合約所定無法或難以繼續履約的「風險」時，可容許任一方解約，也就是俗稱的「退場機制」。由於合約是在雙方耗費相當的時間及勞費所簽定，「退場」事由自不宜過於輕易就能夠達成，應給予他方適當可行的履約期間，以免不切實際。

2 應注意「退場」是否僅有「單方」（只限某一方）可以的陷阱條文。可參見第二章單元十八。

3 「退場」的事由約定，宜有一定客觀標準可資檢驗（例如事業計畫的「報核」或「核定」），如果模稜兩可或語意不明，或者難以驗證（例如「與一定比例的地主簽訂合建契約」，若不進入訴訟恐難檢證）時，就可能會有爭議。

4 本書「退場事由」所例示的第二種情形（即截至某年月日止，尚未能取得計畫之核定時），因為有時計畫的核定期程並非實施者所能掌控，且乙方可能於整合及審議期間業已支出不少成本，對於乙方影響甚鉅，建議審慎約定其期限，或者也可不予約定。

5 常見合約條文用「本約自動解除」、「合約自動作廢」等文字表達「解約」之意，但其在法律上稱為「解除條件」，與「解除契約」的意義實際上並不相同。「解除條件」意指合約約定條件一旦成就（例如至某年月日未報核事業計畫），不待契約當事人行使解除權，合約就立即失效，此種約定會使合約效力較不安定，宜慎重為之。

6 都市更新合約與一般預售屋買賣合約或單純的合建契約尚有不同，於解約後，除「私約」法律關係的解消之外，尚有「公法」的法律關係問題需要處理，否則就不是真正的「退場」（公法關係還存在著）。因此應明文約定解約後的後續處置，諸如「已收取但尚未使用之一切書類返還甲方」（例如計畫尚未報核時，應返還同意書）；而如果已報核事業計畫時，則應向主管機關申請撤案，以解消「公法」上的法律關係。不過有時為免影響都更範圍內其他地主的權益，得視實際情況約定「視為甲乙雙方合意撤銷都市更新事業計畫同意書」（以符合都更條例第二十二條第三項規定）、「將甲方土地劃出都市更新單元範圍」等效果，以取代「申請撤案」。

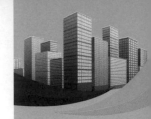

20 其他約定

第二十二條：其他約定

【建議條文】

二、甲方依本合約取得之**分回條件、拆遷補貼及搬遷補貼等，已包含本都市更新事業權利變換計畫應取得之土地改良物殘餘價值、拆遷補償及安置費用**❶，未來甲方除需配合乙方辦理相關簽領憑證外，不得再另向乙方請求任何補償或其他費用。

三、非經他方同意，任一方不得將本契約所定之權利義務移轉予他人，否則其轉讓不生效力。本契約所定之權利義務，對雙方之繼受人均有效力。

四、政府核定權利變換計畫後，如本合約分得坪數車位等權利義務與權利變換核定之分配坪數車位等權利義務不同時，甲方得於**核定後二個月內**❷自由選擇二者中對自己有利之一種權利義務。

五、本契約於**雙方簽訂時生效**❸。

重點 Point

1 合約與權利變換的補貼不重複領取之原則。

2 為避免權利義務久懸未決，宜限定地主可行使選擇權之一定期限。

3 如非附「條件」或「期限」，契約原則上於雙方簽訂時生效。

提醒 Remind

1 「權利變換」依法應提列建築物及其他土地改良物的拆遷補償費，但實務上建商與地主合建，合約條件通常不包含此等拆遷補償費，也就是不再補償地主更新前應拆除的建物及地上物之殘餘價值，地主也寧願以此價值多換取一些更新後的房屋分配面積；至於權利變換的「安置費用」，則相當於一般合建契約合約條件通常也包含的「租金補貼」。不過為避免是否得兼領之爭議，最好將「不重複領取的原則」明載於合約內。

2 基於債之相對性原則，若房地所有權移轉，其後手並非當然繼受合約，「當然繼受」合約，僅限於法定繼受人（自然人繼承、公司合併、改組或轉讓等情形），其他情形則仍然要經過繼受人的同意或承認。實務上也常見建商將整合好的合約轉讓給其他建商，雖然通常需要地主重簽同意書，不過為免爭議，最好約明本條第三項的約款；如果合約有轉讓，也最好要求對方的後手簽署無條件繼受的切結書。

3 本條第四項即為所謂的「擇優」條款，讓地主得選擇合約及權利變換計畫的分配結果對自己有利者適用（本書所使用的文字與「都更停看聽—台北市都市更新參與注意事項」

相同）。不過應注意是權利義務「包裹」擇優，而非「片面」或「部分」權利義務擇優，也就是不能僅選擇合約或權利變換某些對自己有利者適用、其他不利者則不適用，而是合約或權利變換計畫內含的權利義務「擇一」而適用。

4 有許多合約會約定：「本合建契約自乙方與更新單元內○%土地及合法建築物所有權人簽訂合建契約、買賣契約或其他合作開發契約始生效。」此為附「停止條件」生效的合約，也就是簽約時合約並未生效，唯有當條件成就時，雙方合約始生效力。在大型社區大樓的案件，可能通常會作如此約定，然而此等不確定成就的「條件」，涉及合約是否生效，影響法律關係存否重大，建議宜約定較容易檢證的條件。

NOTES

附　錄

聽說有新的老舊建物重建法案，我們家可以依此申請重建嗎？

◎都市危險及老舊建築物加速重建條例

許多既有建築物存在著安全疑慮，因此在民國一〇六年四月二十五日的時候，立法院三讀通過了「都市危險及老舊建築物加速重建條例」，其目的便是要加速「危險建築物」及「老舊建築物」的重建。如果你家符合「危險」或是「老舊」的定義，就可能有機會依危老條例來申請重建，進而提升居住品質與安全。

為了增加民眾申請的誘因，政府也祭出了相當的好處，例如：

(1) 增加容積獎勵，最高可達建築基地一・三倍之基準容積或一・一五倍之原建築容積。

(2) 危老條例實施三年內提出申請，再給予法定容積十％獎勵。

(3) 放寬建蔽率及建築高度。

(4) 房屋稅減半最長十二年。

但是，想要得到好處，也有一定條件，例如：

(1) 應於民國一一六年五月三十一日前提出申請。

(2) 應取得重建計畫範圍內全體土地及合法建築物所有權人同意。

(3) 應經結構安全評估結果未達一定標準。

(4) 民國一一一年五月十二日前申請者始得減免稅捐。

看到這邊，發現重點了嗎？我們知道都市更新條例的概念是架構在多數決機制，而「危老條例」卻要百分之百同意才能申請，也因為現實中要完成百分之百同意難度非常高，所以如果重建計畫範圍內的權利人愈少、愈單純，才愈有機會達到門檻。

「就是無法達到百分之百同意，該怎麼辦？」如果是這樣的情形，就還是只能依照都市更新條例來申請。

同時要注意，現在公布的是「都市危險及老舊建築物加速重建條例」，而「條例」的內容多只是原則說明，實際上該如何執行，還是得等政府機關訂定相關配套的子法，才能進一步去研判是否真的有機會依危老條例申請重建。每一塊基地都有自己的故事，請先好好了解自己的故事後，才能思考如何選擇出適合自己的重建方案。

◎「傳統合建」、「都更條例」及「危老條例」比一比

立法院最近三讀通過「都市危險及老舊建築物加速重建條例」（俗稱「危老條例」），並於一〇六年五月十日經總統公布施行。雖然其相關配套的子法尚待訂定，不過在此先將「危老條例」中的內容，與本書所介紹的「都更」、「傳統合建」來加以比較，讓讀者得以區辨其三者有什麼不同。

圖附錄-1　分屋示意圖

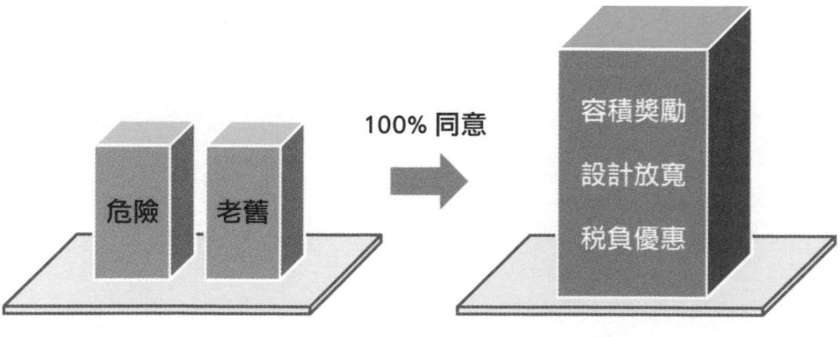

	依危老條例重建	依都更條例重建	不依都更條例規定重建
申請人	起造人（自然人或法人）	實施者（公部門或股份有限公司或都市更新會）	起造人（自然人或法人）
適用範圍	屋齡三十年以上經結構安全評估結果未達標準且改善不具效益或未設電梯之老舊建築物，或依法判定危險建築物之基地，無面積限制	須符合地方所訂更新單元劃定基準規定，基地面積達一千平方公尺以上（各地可能另有例外規定）	符合都市計畫及建築管理法令規定即可
同意比例	「全體」土地及合法建築物所有權人同意	土地及合法建築物所有權人「多數」同意（符合法定同意比例）	取得「全體」土地所有權人土地使用同意書
實施方式	私人間協議合建，政府不涉入權利分配	以協議合建方式實施時，政府不涉入權利分配；以權利變換方式實施時，政府審查決定各所有權人之分配	私人間協議合建，政府不涉入權利分配
容積獎勵上限	基準容積之一．四倍或原容積之一．一五倍。	基準容積之一．五倍或原容積加基準容積之〇．三倍	基準容積之一．二倍
建蔽率放寬	得依地方所定標準酌予放寬	迅行劃定都更地區除因飛航安全管制外，不受建築及都計法令限制	無
高度限制放寬	得依地方所定標準酌予放寬	迅行劃定都更地區得經審議通過，依原建蔽率建築	無
稅捐減免	有	有	無
補助	得依地方法規申請補助結構安全評估費用、重建計畫，及提供融資貸款信用保證	更新會重建之規劃設計費、整維之規劃設計費及工程費用，得以都更基金補助	無
強制拆屋	危老條例無強制拆屋規定	以權利變換方式實施時，得以公權力強制拆屋	無公權力強制拆屋

第二章案例與第三章、附錄條文索引對照表

第二章單元	第三章單元及附錄條文	
01	04、附錄	第四條第一、二、五項
	20	第二十二條第四項
02	04	第四條第五項
	05	第五條第三項
	19	第二十一條第三項
03	05、附錄	第五條
04	20	第二十二條第四項
06	03、附錄	第三條
	20	第二十二條第四項
07	03、附錄	第三條
08	06	第六條
09	02	第二條第一項
	附錄	第五條第五項
11	09、附錄	第九條

	18	第二十條第二項
12	08	第八條
	09、附錄	第九條
13	11、附錄	第十一條
14	01	第一條第二項
	02、附錄	第二條第五、六項
15	17	第十九條第十三項
16	18	第二十條
17	附錄	第二條第七項
	04	第四條第五項
	14	第十四條
	附錄	第十五條第二項第二款
	17	第十九條第十三項
18	19	第二十一條第三項
20	14	第十四條
	19	第二十一條

位價值之調整，乙方應取得甲方同意。如其調整係為配合主管機關審議要求，甲、乙雙方均須配合，但乙方應補償甲方因此所受之損失。

七、乙方承諾甲方分得之房屋（不含汽車停車位），其產權登記「共有部分」（不含汽車停車位）面積占全部產權登記面積之比例與乙方分得者相同。

第三條：雙方分配比例

一、房屋部分：依甲方提供土地之容積占本基地總容積（以上均含法定及都市更新獎勵容積）乘以本大樓建物所有權狀登記面積總和之○○%，為甲方應分得之房屋面積。

二、汽車停車位部分：依甲方提供土地之容積占本基地總容積（以上均含法定及都市更新獎勵容積）乘以本大樓建造執照核准之汽車停車位數總和（扣除裝卸停車位數）之○○%，為甲方應分得之車位數。

三、若本案將本更新基地範圍內或毗鄰之道路用地列入本更新案，並以捐贈土地方式取得更新獎勵者，因該道路地捐贈所取得都市更新ΔF4容積獎勵，不列入前兩項之獎勵容積數額。

四、若乙方辦理容積移轉移入容積，所增加興建房屋產權面積（含主建物、附屬建物及共用部分）及汽車停車位，於扣除乙方購買容積之費用（以建物坪數及車位價值抵付）後，甲方分取○○%、乙方分取○○%，甲方需配合出具所須文件供乙方辦理（實際移入容積依主管機關審定通過之面積為準）。

五、機車停車位屬新建大樓之全部住戶共同持有，由大樓管理委員會負責管理。

第四條：分配價值及差額價金找補

一、甲方為原1樓建物所有權人者，欲選擇分配更新後大樓之1樓時，依本約計算應分得之房屋面積，乘以更新後1樓建物之平均單價，即為甲方可選1樓房屋面積之總價值，扣除甲方實際所選該戶之價值，即為甲乙雙方應找補金額。

二、原1樓建物所有權人如因更新後大樓之1樓不足分配，或選配2樓以上戶別時，則其依本約前項計算應分得之房屋面積再補貼○○%面積選配2樓以上房屋。

都市更新合作興建契約範本

（本範本為筆者參考各家合約編著，僅供參考）

甲、乙雙方為完成都市更新事業（以下稱本案），議定下列條款，以資共同遵守。本契約於中華民國○年○月○日經甲方攜回審閱○日。

甲方簽認：＿＿＿＿＿＿

第一條：更新標的

一、本案更新單元範圍包含○○市○○區○○段○小段第○○○地號等○筆土地，土地面積共○○平方公尺（約○○坪），實際範圍以主管機關核定之更新單元範圍為準。

二、契約簽訂後，除經主管機關審議要求調整更新單元範圍外，其餘如有更新單元範圍變動情事，乙方應通知甲方並取得甲方同意。

三、甲方提供其所有土地、地上物參與本案詳附件，實際內容以土地及建物登記簿登載為準。

第二條：實施方式與建築規劃

一、雙方同意本案依據都市更新條例暨相關法規辦理都市更新事業，由乙方擔任實施者及起造人，以權利變換方式實施。

二、雙方同意由乙方委託專業規劃設計單位，針對市場供需、設計規範及都市更新，在法規允許範圍內全權負責規劃設計有利於雙方之更新大樓。

三、有關實施更新事業、規劃設計、土地整合、信託費用、拆除費用及建築費用，均由乙方負責。乙方不得藉故建材工資漲價或其他任何理由要求增加分配或任何補貼；甲方亦不得以房價、地價上漲或其他理由要求增加分配或要求任何補貼。

四、更新大樓採○○構造，預定興建地下○層、地上○層以上高級住宅大樓，建材與設備說明書詳附件。

五、乙方應提供各層平面規劃、總樓層數、建築外觀等規劃內容予甲方知悉，但建築規劃設計實際定案內容，以主管機關審議結果為準。

六、建築規劃內容如乙方於簽約後有所調整，乙方應主動告知甲方調整內容，且調整內容如涉及甲方更新後選配單元及汽車甲方每月租金金額詳附件，乙方應按月於第5日前匯入甲方指定帳戶，若首月與末月有不足一個月時，以實際日數計算。

第七條：保證金支付與返還

一、 保證金總額：本案保證金為新台幣〇萬元整。

二、 保證金支付時點：

（一）第一期：本契約書簽訂日，乙方以即期支票支付甲方保證金新台幣〇萬元整；

（二）第二期：都市更新事業計畫及權利變換計畫核定發布日起算五日內，乙方將甲方保證金新台幣〇萬元整提撥於信託專戶；

（三）第三期：甲方房屋騰空點交予乙方後，乙方將甲方保證金餘額全數提撥於信託專戶。

三、 保證金返還時點：

（一）更新大樓結構體完成時，甲方返還乙方第一期保證金新台幣〇萬元整。乙方應支付予甲方之租金補貼得與甲方依本款應返還予乙方之保證金相互抵銷。

（二）更新大樓使用執照領得時，甲方返還乙方第二期保證金新台幣〇萬元整，由乙方自信託專戶中於解除控管後直接領取。

（三）完成交屋時，甲方返還乙方第三期保證金餘額全數，由乙方自信託專戶中於解除控管後直接領取。

第八條：信託管理

一、 為使工程順利興建並完工交屋，本案以信託方式委由乙方指定受託之金融機構依信託契約內容執行信託管理。於事業計畫報核後，乙方應訂定期限邀集參與本案之土地、地上物所有權人審閱信託契約，甲方應提供土地信託登記所需之文件予乙方，並與乙方指定受託機構簽訂信託契約，信託相關費用由乙方全額負擔。

二、 信託契約應符合以下內容：

（一）信託標的應包含甲方土地及乙方資金（含乙方之銀 融資與乙方承購戶繳交之購屋自備款），並設置信託專戶，約定專款專用。

（二）信託契約應包含未完工程續建機制。

三、 甲方非為原1樓建物所有權人者（含原1樓建物所有權人經補貼後選配2樓以上者），選擇分配更新後大樓2樓以上時，依本約計算應分得之房屋面積，乘以更新後2樓以上建物之平均單價，即為甲方可選2樓以上房屋面積之總價值，扣除甲方實際所選該戶之價值，即為甲乙雙方應找補金額。

四、 甲方依本約計算應分得之車位數，乘以更新後全部車位之平均單價，即為甲方可選車位之總價值，扣除甲方實際所選該車位之價值，即為甲乙雙方應找補金額。

五、 本條所稱之平均單價及甲方實際選戶及車位之價值，以乙方於權利變換選配程序時所提供之更新後大樓設計平面圖及各戶房屋及車位價格表為準。

第五條：甲方選配房屋及汽車停車位之原則

一、 原1樓建物所有權人得優先選配更新後1樓房屋；原面向○○路之建物所有權人得優先選配面向○○路之房屋。

二、 甲方依據其可選總價值集中選配，以整戶房屋及整個停車位，並以一戶房屋搭配一汽車停車位為原則。

三、 甲方實際選配房屋、汽車停車位之總價值，不得超過甲方應分配價值之正負○○%，但因乙方建築規劃因素致甲方違反前述比例時，不得視為甲方違約。

四、 本案各權利人如有重覆選配房屋或汽車停車位之情形時，除依本約約定有優先權者由其優先選配者外，先由乙方協調，協調不成，則依都市更新權利變換實施辦法第11條規定以公開抽籤方式辦理，公開抽籤日由乙方另行通知。

五、 甲方應配合都市更新權利變換選屋程序簽署「權利變換意願調查表」及「更新後分配位置申請書」等法定文件。甲方逾時未提出選配申請者，則由乙方依法代為抽籤。

第六條：搬遷費補貼與租金補貼

一、 搬遷費補貼：乙方同意補貼甲方遷出搬遷費新台幣○萬元整（含稅），於騰空點交現有房屋時，乙方應以即期支票支付予甲方。

二、 租金補貼：乙方同意補貼甲方更新期間（即自甲方騰空點交現有房屋日起至完成甲方選配房屋及汽車位交屋日止）每月租金，甲方提供地上物位於一樓者每坪○元（含稅）、甲方提供地上物位於一樓以外之其他樓層者每坪○元（含稅），方通知期限內完成貸款銀行之對保，並提供辦理抵押權設定登記之必要文件予乙方，於辦理更新大樓產權登記時一併辦理抵押權設定，且於乙方辦理產權登記予甲方時，授權由貸款銀行直接撥款予乙方。甲方不得以任何理由終止、解除上述抵押貸款手續，亦不得終止、解除授權貸款銀行撥款予乙方。甲方因任何原因致未能於期限內完成前述貸款撥款予乙方之手續或貸款金額不足甲方應繳納差額價金及其他稅、費及款項時，甲方應於乙方通知後7日內以現金交付，否則視為違約。

第十條：甲方產權保證

一、 甲方保證所提供之不動產產權清楚，絕無三七五租約、提供土地使用同意書或類似同意書予第三人或與第三人簽訂合作開發等類似契約或有任何其他糾紛、障礙足生妨礙於本契約之履行。

二、 甲方於簽訂本契約書後，如有新定租約、新設定負擔者，應事先通知乙方；如有所有權移轉者，甲方應使該繼受人簽署同意書，同意繼受本契約甲方之權利義務，並將繼受人已同意之事實以書面通知乙方存參。

三、 本契約書簽訂前，甲方提供土地或地上物已存在之地上權、違章建築由甲方自行負責協議排除，如不能排除依都市更新條例第39條規定辦理。

四、 本契約書簽訂時，甲方不動產有既存租約者，應通知承租人配合依本契約書第〇條約定期限辦理房屋騰空點交。

五、 為申請拆除執照需要，甲方所提供之不動產已有設定抵押權或最高限額抵押權時，甲方應於本案申請建造執照前辦妥抵押權塗銷登記，甲方無法全部清償或塗銷者，同意配合本案向信託銀行轉貸，俾取得貸款銀行同意拆除房屋證明書，相關轉貸所生規費及手續費等稅費由甲方負擔之。

第十一條：現有房屋騰空點交作業

一、 權利變換計畫核定公告期滿後，甲方應於乙方通知日起30日內將其提供參與本案之現有房屋騰空點交予乙方，甲方如有留置物品，則視為廢棄物，乙方可直接派員清理、拆除，甲方不得異議。拆除工程費用由乙方全額負擔。

二、 甲方提供之房地，如有出租、其他負擔或權利障礙，以致影

（三）本案不以甲方土地辦理融資貸款或設定抵押。

第九條：甲方應配合及履行之事項

一、 甲方應於簽訂本契約書時，提供下列文件：

（一）擬訂都市更新事業計畫同意書；

（二）變更都市更新事業計畫同意書；

（三）選配原則同意書（附件）；

（四）代刻印章授權書（附件）；

（五）權利變換意願調查表；

（六）更新後分配位置申請書；

（七）土地使用權同意書；

（八）拆屋同意書；及

（九）身分證正反面影本。

二、 乙方於辦理本案或與本契約有關之手續時，如須甲方用印、提供文件或配合為一定之行為時，甲方應依乙方之通知提供或配合辦理。

三、 本契約書簽訂時，為保障全體參與都市更新人之權益，甲方應交付印章乙枚予乙方或授權乙方代刻，該枚印章僅授權乙方作為申請建造執照、信託登記、起造人名義變更為受託機構或其指定之人、設計變更、使用執照及管線接通等與本案工程進行有關事務之使用，乙方應於交屋時交還甲方，乙方保證絕無違約使用印章損害甲方權益，否則願加倍賠償甲方所受損害，並負一切民刑事責任；甲方亦保證不任意變更印章，否則因而導致乙方或其他參與都市更新之人受有損害，願負損害賠償責任。

四、 甲方不得於乙方通知交屋前公開銷售其實際選配房屋及汽車停車位，但經與乙方另行書面協議並委由乙方代為銷售者，不在此限。代為銷售費用由雙方另行協議。

五、 雙方依本契約須找補差額價金或其他稅、費及款項者，除本契約書另有約定外，乙方於核發使用執照後、辦理更新大樓產權登記前，將雙方應找補之差額價金及其他稅、費及款項通知甲方，甲方應自乙方通知之日起15日內，以現金或即期支票與乙方辦理找補事宜。

六、 甲方以實分配房屋、土地及汽車停車位向銀行設定抵押貸款方式，繳納差額價金及其他稅、費及款項予乙方時，應於乙或補償價金者，不在此限。

六、　乙方保證交付甲方分得之房屋，不得低於乙方公開銷售房屋所列建材設備之價值、效用及品質。

第十四條：工程期限

乙方應於建造執照核准後，於建築法規定期限內向建築主管機關申報開工，並於開工日起○○○個日曆天內完工。開工日以建築主管機關准予備查開工之日為準，完工日以建築主管機關核准使用執照之日為準。但因政府法令變更、天災地變等不可抗力、甲方或參與本案之其他地主未依本契約書約定辦理各項手續（包括貸款銀行拒絕出具拆除房屋同意書、遲延騰空點交、產權糾紛、界址不清、遭保全處分、強制執行或拒絕配合提供文件等）或其他不可歸責於乙方之事由所致不能或影響施工者，得順延其期間。

第十五條：更新大樓產權登記

一、　產權登記內容

（一）房屋產權面積：包括主建物、附屬建物及共有部分面積。共有部分除汽車停車位另計外，係指各樓層公共樓梯、電梯間、通道、一樓門廳、大門延伸部分、管理員室、屋頂突出物、機械房、水箱、台電配電室、公共廁所、消防幫浦室、機車停車位、供行動不便者使用車位、供公共使用之設施及其他依法令應列入共有部分之項目。共有部分之權利範圍係按各單元專有部分（主建物及附屬建物）面積與更新大樓專有部分總面積之比例定之。

（二）約定專用：更新大樓當層露台由連接之各戶區分所有權人約定專用，並以本契約書作為分管協議之約定。

（三）汽車停車位產權面積：包括汽車停車位面積及應分攤之車道面積，依法令規定以共有部分及設定約定專用權方式登記；並由分配各汽車停車位之權利人，依其位置約定專用其汽車停車位，並以本契約書作為分管協議之約定。

（四）土地持分面積：更新後甲方實際選配房屋應分得之土地持分比例，應按甲方實際選配房屋專有部分面積（以地政機關登記為準）與更新大樓專有部分總面積響本契約之履行或乙方行使權利時，甲方應於上述房屋點交日前理清或排除之。其理清或排除費用由甲方自行負擔。

第十二條：室內工程變更

一、甲方實際選配房屋如須變更設計時，變更範圍以室內隔間及裝修為限，其他有關建築設計、立面外觀、結構安全、管道間、消防設施、公共設施、廚房、浴廁位置不得要求變更，且不得違反法令規定，其變更之增減工程應比照原設計圖樣為準。變更事項應由甲乙雙方於工程變更單上簽認，如有追加帳，甲方應於簽認後10日內繳交，逾期未繳交視同取消變更設計申請；如有減帳，乙方應於甲方選配房屋交屋時乙次退款完成。

二、甲方實際選配房屋變更設計申請，應於乙方通知期限內為之，且以乙次為限。

第十三條：工程施作

一、乙方全權負責申辦都市更新建築相關之規劃設計、營造施工、請領建築執照等作業。

二、乙方應監督施工之營造廠，確實依主管機關核准之建築圖說、施工圖說及建築法規與成規施工，不得有偷工減料情事；甲方發現乙方未依約監督營造廠施工時，得以書面通知乙方，如有影響結構安全時，甲方有權要求乙方促請營造廠停工，並委託結構技師或土木技師公會進行查驗。

三、乙方應監督施工之營造廠，於施工範圍設妥一切工程災害防範措施，施工期間內與本工程有關之勞工安全衛生、施工安全及工程災害或鄰房損害之相關責任，概由乙方負責，與甲方無涉。

四、乙方保證建造本案建材不含有損建築結構安全或有害人體安全健康之輻射鋼筋、石棉或未經處理之海砂等材料或其他類似物，並應於交屋時提供無海砂證明與無輻射鋼筋品質保證書影本。

五、施工標準悉依核准之工程圖樣及本契約書附件○之建材與設備說明書施工，除經甲方同意不得以同級品之名義變更建材設備或以附件○所列舉品牌以外之產品替代。但乙方能證明有不可歸責於乙方之事由，致無法供應原建材設備，且所更換之建材設備之價值、效用及品質不低於原約定之建材設備

一、 乙方應擔任更新大樓共有部分管理人，並於成立管理委員會或推選管理負責人後移交之。

二、 乙方於成立管理委員會後7日內，應會同管理委員會於現場針對水電、機械設施、消防設施及各類管線進行檢測，確認其功能正常無誤後，將共有部分、約定共用部分與其附屬設施設備、設施設備使用維護手冊、廠商資料、使用執照謄本、竣工圖說、水電、機械設施、消防及管線圖說等資料，移交之。上開檢測責任由乙方負責，檢測方式由乙方及管理委員會協議之，乙方並通知政府主管機關派員會同見證雙方已否移交。

第十八條：保固責任

一、 自交屋作業完成日起（甲方未依約辦理交屋時，則自乙方通知甲方交屋期限屆滿之翌日）起，就結構部分（如樑柱、樓梯、擋土牆、雜項工作物…等）負責保固15年，屋頂、外牆、地下室等防水工程負責保固5年，固定建材及設備部分（如門窗、粉刷、地磚…等）負責保固1年，但因天災地變等非人力所能抗拒之災害或人為不當使用所造成之損害，不在此限；交屋時乙方應出具房屋保固服務紀錄卡予甲方作為憑證。

二、 前項期限經過後，甲方仍得依民法及其他法律主張權利。

第十九條：稅費負擔

一、 本案申報開工日前甲方現有房地之地價稅、房屋稅、工程受益費及水電費，悉由甲方自行繳清，其於申報開工日前已產生但未繳納者亦同。

二、 甲方土地於甲方依約將土地持分移轉於乙方或乙方指定之人時，其移轉所發生之土地增值稅由甲方負擔（得依都市更新條例權利變換實施規定免徵或減徵）。

三、 甲乙雙方因參與本更新案增加之個人綜合所得稅、營利事業所得稅，悉由各該納稅義務人各自負擔。

四、 房屋保存登記由乙方指定之代書辦理，有關產權登記所生相關稅費（如公契規費、印花稅、契稅、公監證費、規費及代書費等）由雙方各自按其所分房屋、土地及汽車停車位各自負擔。

五、 房屋稅自使用執照核發後，向稅捐機關申報房屋現值並設籍之比例定之。乙方應分得之土地持分比例，則依乙方分得房屋專有部分面積（以地政機關登記為準）與更新大樓專有部分總面積之比例定之。

二、產權登記程序

（一）本案取得使用執照後，由乙方向主管機關辦理產權登記手續（包括甲乙雙方應分配之房屋、土地持分及汽車停車位）。甲乙雙方應提供必要文件予地政士，如因一方遲延繳納文件致各項稅費增加或產生罰鍰或滯納金時，由遲延繳納之一方負擔。

（二）面積誤差找補：甲方實際分配房屋之面積如與地政機關登記面積有誤差時，其不足部分乙方均應全部找補；其超過部分，甲方只找補百分之二為限（至多找補不超過百分之二），且雙方同意面積誤差之找補，以權利變換計畫書所載單價作為找補基準，無息於交屋時結算。

第十六條：更新大樓驗收交屋

一、乙方應於領取更新大樓使用執照後6個月內完成自來水、電力、電訊、天然氣之配管及埋設等契約、事業計畫所示之公共設施，並以書面通知甲方於30日內辦理驗收交屋程序。

二、甲方驗收如認為有未依主管機關核准之建照圖說或雙方契約約定施工情事，得定相當期限要求乙方改善後再行驗收，乙方若未能於期限內完成改善或無法改善者，甲方得就該部分要求照價賠償或減少價金。

三、甲方驗收完成後應簽認交屋確認書予乙方，若甲方逾期未出面驗收房屋，自期限屆滿之翌日起，視為已完成交屋。

四、雙方同意自乙方通知甲方交屋期限屆滿之翌日起，由甲方按月繳付大樓管理費，並於交屋日起預付半年管理費。

五、甲方未完成交屋手續前，非經乙方同意，不得自行遷入或招攬工人入內裝修，甲方違反約定致生乙方或其他參與都市更新人之損害，應賠償其損失。

六、甲方應於交屋日與乙方結清本契約約定之變更設計工程之追加減帳款、面積誤差找補款及其他依本契約應付未付之稅、費、代書費、規費、預收管理費及水電費等費用。

第十七條：更新大樓共用部分之點交

第二十條：違約處理

一、 乙方違約罰則

（一）因可歸責於乙方之事由致本案完工日遲於本契約書第〇條約定期限，或乙方無故連續停工達30個日曆天或累積停工達60個日曆天，甲方得以書面催告乙方限期於15日內補正，逾期未補正，自催告期滿次日起，每逾期一日，乙方應按日依未完工程部分之法定工程造價千分之一給付懲罰性違約金，甲方依權利變換計畫所載之更新前權利價值比例分取之。

（二）除前款規定之外，因可歸責於乙方之事由致乙方未依約履行本約所定其他乙方之義務時，甲方得以書面催告乙方限期於15日內補正，逾期未補正，自催告期滿次日起，每逾期一日，乙方應按日給付新台幣5,000元整予甲方作為懲罰性違約金，並應對甲方因此所受之損失，負賠償責任。

二、 甲方違約罰則

（一）甲方如逾期達五日未繳清依本約應繳納之款項或已繳之票據無法兌現時，甲方應加付按逾期期款部分每日萬分之五單利計算之遲延利息，於補繳款項時一併繳付乙方。如逾期二個月仍未繳納，經乙方以書面催繳，經送達七日內仍未繳者，甲方同意依本項第（二）款之違約金規定處理。

（二）除前款規定之外，因可歸責於甲方之事由致甲方未依約履行本約所定其他甲方之義務時，乙方得以書面催告甲方限期於15日內補正，逾期未補正，自催告期滿次日起，每逾期一日，甲方應按日計付新台幣5,000元整予乙方作為懲罰性違約金。甲方之遲延造成乙方或其他參與更新大樓之人權益受損時，應負賠償責任。

第二十一條：解除或終止契約

一、 甲方違約之解除或終止契約

甲方違反本契約致妨礙乙方依本契約行使權利及工程進行，經乙方定期15日以上催告履行或補正二次以上而甲方仍未改善時，乙方得解除或終止本契約；本契約因上述原因而解除或終止時，甲方除應加倍返還已收取之保證金（包括乙方交後，雙方各自按其所分房屋各自負擔。

六、 雙方同意辦理房屋所有權移轉登記時，以政府機關之房屋評定價格及當期之土地公告現值作為申報價格，但稅法規定變更時不在此限。

七、 辦理房地產權過戶及抵押權設定所需之契稅、產權移轉登記費、貸款抵押設定登記費、地政士代辦費、印花稅、規費、保險費及其他有關附加稅捐等，屬於甲方所分得部分，由甲方自行負擔，並於接到乙方通知時，應於十日內付款予乙方。

八、 依都市更新條例第46條規定參與都市更新得享有之地價稅、房屋稅減免，以及參與權利變換得享有之土地增值稅及契稅減免，乙方應代為申請，如須甲方提供文件或用印，甲方並應配合。

九、 辦理本案基地合併、分割、地目變更、原有房屋滅失登記等手續所需之各項費用，由乙方負擔。

十、 依公寓大廈管理條例規定起造人於申請使用執照時應繳交之公共基金，不論起造人為何人，雙方應按分得房屋比例提繳。

十一、 自來水、電力及瓦斯之內、外管線之接通及配管費用，由乙方負擔。另瓦斯裝錶費用及保證金，則由甲方負擔。

十二、 甲方就其分得之房屋、土地及汽車停車位，自完成交屋日（甲方未依約辦理交屋時，則自乙方通知甲方交屋期限屆滿之翌日）起負擔水費、電費、管理費、瓦斯費、瓦斯裝錶費。

十三、 房地互易處理：基於稅法規定合建土地及建物等值互換之原則，雙方互易房地之互換價格，於甲方將土地移轉予乙方同時，由乙方開立甲方所分得建物總值之發票予甲方，甲方開立同額土地款收據予乙方，乙方所開立予甲方發票，其稅額由甲方負擔。

十四、 由乙方依本條規定負擔之稅費，其支付憑證之抬頭若為甲方名義，甲方應依規定另行出具收據（乙方或乙方指定之抬頭）交付乙方，俾憑入帳。

十五、 其他應負擔之稅捐，依有關法令規定由各該納稅義務人各自負擔繳納。

二、 甲方依本合約取得之分回條件、拆遷補貼及搬遷補貼等，已包含本都市更新事業權利變換計畫應取得之土地改良物殘餘價值、拆遷補償及安置費用，未來甲方除需配合乙方辦理相關簽領憑證外，不得再另向乙方請求任何補償或其他費用。

三、 非經他方同意，任一方不得將本契約所定之權利義務移轉予他人，否則其轉讓不生效力。本契約所定之權利義務，對雙方之繼受人均有效力。

四、 政府核定權利變換計畫後，如本合約分得坪數車位等權利義務與權利變換核定之分配坪數車位等權利義務不同時，甲方得於核定後二個月內自由選擇二者中對自己有利之一種權利義務。

五、 本契約於雙方簽訂時生效。

六、 本契約之附件與本契約有同一效力。

七、 本契約如有未盡事宜，除依法令規定辦理外，得經雙方同意以書面補充或修正之。

第二十三條：通知送達

一、 雙方以本契約書簽名頁所載通訊地址為寄發書面通知地址，通知應以雙掛號郵寄，任一方變更通訊地址應以書面通知他方，如有拒收或無法投遞情事，均以郵局第一次投遞日視為送達日。

二、 如因一方變更通訊地址但未通知他方致他方受有損害者，受損害方得向他方請求損害賠償。

第二十四條：管轄法院

本契約如發生爭議，雙方合意以台灣台北地方法院為第一審專屬管轄法院。

第二十五條：契約執存

本契約正本壹式貳份，由雙方各執乙份為憑，以資信守。

付信託專戶之保證金）作為懲罰性違約金外，並應賠償乙方所受之一切實際損失，甲方違約行為造成其他參與更新大樓之人權益受損時，亦應負賠償責任。

二、 乙方違約之解除或終止契約

乙方違反本契約致本案無法進行，或開工後無故連續停工達90個日曆天時，經甲方定期15日以上催告履行或補正二次以上而乙方仍未改善時，甲方得解除或終止本契約；本契約因上述原因而解除或終止時，甲方除得沒收乙方已支付之保證金（包括乙方交付信託專戶之保證金）作為懲罰性違約金外，乙方並應返還向甲方收取尚未使用之一切書類文件及賠償甲方所受之一切實際損失。除由受託機構啟動續建機制協助處理者外，甲方並得沒收所有工程及收回土地。

三、 不可歸責於甲乙雙方之解除或終止契約

（一）有下列情事之一者，任一方得以書面通知他方解除或終止本契約：

1. 截至民國○年○月○日止，本案尚未報核都市更新事業計畫時。
2. 截至民國○年○月○日止，本案尚未能取得都市更新事業計畫及權利變換計畫之核定時。
3. 本案都市更新容積獎勵值經主管機關核定後，未達基準容積之○%時。
4. 本契約因地震、火災、戰爭、政府法令政策變更或其他建築法規限制致乙方不能領得建造執照；或於工程進行中，因不可抗力或其他非可歸責於雙方之事由，致本契約無法履行時。

（二）本契約因前列各款原因而解除或終止時，雙方互不負違約責任，乙方應於解除或終止日起算30日內將已收取但尚未使用之一切書類文件返還予甲方，甲方應同時無息返還乙方已支付之全部代墊款項及保證金。乙方如已報核都市更新事業計畫時，應向主管機關申請撤案。

第二十二條：其他約定

一、 本案核定之都市更新事業計畫中所載公寓大廈規約草案，甲乙雙方均應遵守。

Life 系列 037

一次看穿都更×合建契約陷阱：良心律師專業解碼老屋改建眉角

作　　者—蔡志揚
主　　編—邱憶伶
責任編輯—陳劭頤
責任企畫—葉蘭芳
封面設計—FE Design 葉馥儀
內頁設計—李宜芝

董 事 長—趙政岷
出 版 者—時報文化出版企業股份有限公司
一〇八〇一九台北市和平西路三段二四〇號三樓
發行專線—（〇二）二三〇六—六八四二
讀者服務專線—〇八〇〇—二三一—七〇五
（〇二）二三〇四—七一〇三
讀者服務傳真—（〇二）二三〇四—六八五八
郵撥—一九三四四七二四時報文化出版公司
信箱—一〇八九九台北華江橋郵局第九十九信箱

時報悅讀網—http://www.readingtimes.com.tw
電子郵件信箱—newstudy@readingtimes.com.tw
時報出版愛讀者粉絲團—http://www.facebook.com/readingtimes.2
法律顧問—理律法律事務所 陳長文律師、李念祖律師
印　　刷—綋億彩色印刷有限公司
初版一刷—二〇一七年六月十六日
初版九刷—二〇二四年七月十六日
定　　價—新台幣三五〇元

時報文化出版公司成立於一九七五年，
並於一九九九年股票上櫃公開發行，於二〇〇八年脫離中時集團非屬旺中，
以「尊重智慧與創意的文化事業」為信念。

一次看穿都更 × 合建契約陷阱 : 良心律師專業解碼老屋改建眉角 /
蔡志揚著 . -- 初版 . -- 台北市 : 時報文化 , 2017.06
面 ;　公分 . -- (LIFE 系列 ; 37)

ISBN 978-957-13-7040-8(平裝)

1. 都市更新　2. 土地法規

445.1023　　　106008717

ISBN 978-957-13-7040-8
Printed in Taiwan